MikroComputer-Praxis

Die Teubner Buch- und Diskettenreihe für
Schule, Ausbildung, Beruf, Freizeit, Hobby

Becker/Mehl: **Textverarbeitung mit Microsoft WORD**
251 Seiten. DM 26,80

Buschlinger: **Softwareentwicklung mit UNIX**
277 Seiten. DM 38,—

Danckwerts/Vogel/Bovermann: **Elementare Methoden der Kombinatorik**
Abzählen — Aufzählen — Optimieren — mit Programmbeispielen in ELAN
206 Seiten. DM 24,80

Duenbostl/Oudin: **BASIC-Physikprogramme**
152 Seiten. DM 23,80

Duenbostl/Oudin/Baschy: **BASIC-Physikprogramme 2**
176 Seiten. DM 24,80

Erbs: **33 Spiele mit PASCAL**
... und wie man sie (auch in BASIC) programmiert
326 Seiten. DM 32,—

Erbs/Stolz: **Einführung in die Programmierung mit PASCAL**
2. Aufl. 240 Seiten. DM 24,80

Fischer: **COMAL in Beispielen**
208 Seiten. DM 24,80

Grabowski: **Computer-Grafik mit dem Mikrocomputer**
215 Seiten. DM 24,80

Grabowski: **Textverarbeitung mit BASIC**
204 Seiten. DM 25,80

Haase/Stucky/Wegner: **Datenverarbeitung heute**
mit Einführung in BASIC
2. Aufl. 284 Seiten. DM 23,80

Hainer: **Numerik mit BASIC-Tischrechnern**
251 Seiten. DM 26,80

Hoppe/Löthe: **Problemlösen und Programmieren mit LOGO**
Ausgewählte Beispiele aus Mathematik und Informatik
168 Seiten. DM 21,80

Klingen/Liedtke: **ELAN in 100 Beispielen**
239 Seiten. DM 26,80

Klingen/Liedtke: **Programmieren mit ELAN**
207 Seiten. DM 23,80

Koschwitz/Wedekind: **BASIC-Biologieprogramme**
191 Seiten. DM 24,80

Lehmann: **Lineare Algebra mit dem Computer**
285 Seiten. DM 23,80

Lehmann: **Projektarbeit im Informatikunterricht**
Entwicklung von Softwarepaketen und Realisierung in PASCAL
236 Seiten. DM 24,80

Lehmann: **Fallstudien mit dem Computer**
Markow-Ketten und weitere Beispiele aus der linearen Algebra
und Wahrscheinlichkeitsrechnung
256 Seiten. DM 24,80

Fortsetzung auf der 3. Umschlagseite

MikroComputer–Praxis

Herausgegeben von
Dr. L. H. Klingen, Bonn, Prof. Dr. K. Menzel, Schwäbisch Gmünd
und Prof. Dr. W. Stucky, Karlsruhe

COMAL in Beispielen

Von Dr. Volker Fischer, Osnabrück

CIP-Kurztitelaufnahme der Deutschen Bibliothek

Fischer, Volker:
COMAL in Beispielen / von Volker Fischer. –
Stuttgart : Teubner, 1986.
  (MikroComputer-Praxis)
ISBN 978-3-519-02538-2   ISBN 978-3-322-99454-7 (eBook)
DOI 10.1007/978-3-322-99454-7

Gesamtherstellung: Beltz Offsetdruck, Hemsbach/Bergstraße
Umschlaggestaltung: M. Koch, Reutlingen

V O R W O R T

Diese Einführung in die Programmiersprache COMAL wendet sich an
Schüler, Studenten und Hobby-Programmierer, die auch für etwas
umfangreichere Probleme übersichtliche und selbst nach längerer
Zeit 'wiederzuerkennende' Programme schreiben wollen.
Der Band soll sowohl in die Technik der strukturierten Programm-
mierung einführen als auch die Sprache COMAL in ihren wesent-
lichen Elementen erläutern. Beide Teilziele lassen sich leicht
vereinbaren, da die Sprache COMAL die strukturierte Programmierung
sehr gut unterstützt.
Den Hauptteil der Buches bilden 60 Beispiele aus verschiedenen
Bereichen. Zugrunde gelegt wird hierbei COMAL-80 in der Version
0.14, da diese die zur Zeit aktuellste frei verfügbare Version
darstellt.
Diese Programme sind lauffähig auf den Geräten der Serie 8000
der Fa. Commodore und zwar unter den Versionen 0.14 und 2.0 -
sie sind jedoch auch leicht übertragbar auf andere COMAL-Versionen
und andere Geräte.
Nicht aufgenommen wurden Befehle und Beispiele zur COMAL-Graphik;
dies würde den Rahmen dieses Buches sprengen. Bei den Darlegungen
zur strukturierten Programmierung ebenso wie bei der Auswahl und
Ausführung der Programmbeispiele standen leichte Verständlichkeit
und Übersichtlichkeit im Vordergrund. So gibt es insbesondere bei
den Programmen sicherlich Möglichkeiten, Vorgänge eleganter,
kürzer oder (rechen-)zeitsparender zu gestalten. Nutzen Sie diese
Möglichkeiten, schreiben Sie die Programme um!

Sollten Sie jedoch Fehler finden - die Tatsache, daß beim Testen
der Programme kein Fehler auftrat, beweist lediglich, daß meine
Tests keinen Fehler aufdeckten - lassen Sie es mich bitte wissen.

Meine Anschrift:

Volker Fischer, Obere Martinistr. 13, 4500 Osnabrück

Getestet wurden sämtliche Beispiele in der Sprache COMAL-80,
Version 0.14 (ohne key$ und print using) sowie der Version 2.0 auf
einem Commodore-Gerät 8296-D mit DIN-Tastatur.

4

Das Gerät 8296-D entspricht den Commodore-Geräten der Serie 8000
mit mindestens 32 KB Arbeitsspeicher; die eingebauten Floppylauf-
werke entsprechen der Floppy 8250 von Commodore.
Bei der Benutzung anderer Geräte können sich geringfügige Abwei-
chungen insbesondere hinsichtlich der Darstellungen in den Abschnitten 2.4 und 2.5 ergeben.

Kurzprogramme innerhalb der Teile 2 bis 4 wurden z.T. direkt in
den Textblock eingetragen. Diese Programme weisen 3-stellige Zeilennummern auf. Sämtliche Programme der Abschnitte 5 und 6 stellen
Originallistings dar; sie haben die von COMAL verwendeten vier-
stelligen Zeilennummern. Schreibfehler können daher lediglich in
Programmen mit 3-stelligen Zeilennummern auftreten.

Die von mir benutzte 0.14-Version verlangt die Eingabe kleinge-
schriebener COMAL-Wörter und Variabler; hieran habe ich mich auch
innerhalb der Kurzbeispiele gehalten. Lediglich im fortlaufenden
Text werden die COMAL-Wörter aus Gründen der Übersichtlichkeit
in Großbuchstaben geschrieben.

Die Sprache COMAL ist in freien Versionen z.B. verfügbar für den
C 64 und die 8000-er Serie der Fa. Commodore. Sollten Sie noch
keine freie COMAL-Version besitzen, fragen Sie einmal bei den
Benutzerclubs für Ihr Gerät nach.

Weitere Bezugsmöglichkeiten sind im Anhang I aufgeführt.

Dem Teubner-Verlag danke ich für die gute Unterstützung bei der
Erstellung dieses Bandes; mein besonderer Dank gilt Herrn Prof.
Burkhard Leuschner von der PH Schwäb.Gmünd für eine Reihe kon-
struktiver kritischer Anmerkungen und Hinweise.

Osnabrück, im Januar 1986   Volker Fischer

Inhaltsverzeichnis   Seite

COMAL-Wörter	Erklärt auf S.	Anwendung u.a. im Beispiel
Programmanweisungen :		
AND	55, 57, 57	9, 20, 29, 54
ABS( )	50	-
APPEND	181	51
ATN( )	51	16
CASE ... ENDCASE	18, 19	49, 60
CHAIN "Name"	38, 199	60
CHR$( )	52	48, 49, 50ff
CLOSE (FILE) (Nr.)	39, 181	51, 52
CLOSED	68	25, 49ff
COS( )	51	16
DATA	43	32, 39, 40, 45, 46
DIM	57, 59, 60	2, 6, 12, 13, 30
DIV	53	11, 13, 23
ELIF	20	3, 6, 7
END	12	-
EOD	43, 49	32, 39, 40
EOF( )	49	52
ESC (siehe TRAP ESC)		
EXIT	86	-
EXP( )	50	-
FALSE	114	20, 54, 58
FOR .... ENDFOR	15	5, 7ff
FUNC ... ENDFUNC	69, 70	24, 25, 26ff
GOTO SPRUNGMARKE	109	18, 50
IF..THEN..ELSE..ENDIF	13	2, 17ff
IN	55	35, 37, 39, 40
INPUT	41, 42	1ff
INPUT FILE Nr.	44	-
INT( )	50	11, 13, 17
KEY$	42, 43, 53	-
LEN( )	52	32, 33, 34, 38
LOG( )	50	11, 13
LOOP ... ENDLOOP	86	-
MOD	53	9, 11, 13, 22, 29,, 44
NOT	55, 56	20, 29, 39
NULL	176	49
OPEN (FILE) Nr.	39, 181	51, 52
OR	55	2, 9, 20, 41
ORD( )	52	54
OTHERWISE	18, 19	49
PEEK( )	53	53, 55
PRINT	44, 45, 46	1ff
PRINT FILE Nr.	47	-
PRINT USING "Maske"	45, 46	-
POKE	53	48, 53, 55
PROC .. ENDPROC	62, 70	20, 22, 29, 38, 48ff

READ ((data))	43	32, 39, 40, 45, 46
READ FILE Nr.	44	52
REF	72	40, 49ff
REPEAT ... UNTIL	16	4, 13, 22, 29, 35, 40, 42
RESTORE ((data))	44	40, 50, 53, 56
RETURN	68, 69, 70	24, 25, 26ff
RND( )	50, 51	14, 17, 21, 29, 43, 44
SELECT (OUTPUT)	39, 46	53, 55
SGN( )	50	-
SIN( )	51	16
SQR( )	50	1, 22
STATUS	39, 181, 182	51, 52
STEP	15	11, 34, 47
STOP	176	49, 51, 52
TAB( )	45	16, 26, 27, 32
TAN( )	51	16
TRAP ESC- (+)	39, 49, 50	48
TRUE	114	20, 54, 58
WHEN	18, 19, 20	49
WHILE...ENDWHILE	16, 17	10, 33, 36, 39, 44
WRITE FILE Nr.	47	51
ZONE	45	1ff

Steueranweisungen (Programm/Floppy):

AUTO	30, 37	
CAT (Nr.)	37	
CON	37, 176	
DEL	33, 34, 37	
DELETE "Name"	38	
EDIT	33, 37	
ENTER	38, 173	
LIST	37	
LIST "Name"	38	
LOAD	38	
MERGE (siehe ENTER)		
NEW	30, 37	
PASS	38	
RENUM	34, 37	
RUN	35, 37	
SAVE "Name"	37	
SETEXEC+ (-)	39	
SETMSG- (+)	39	

1 Einleitung

Im Bereich der privaten Computeranwendung ist BASIC weitverbrei-
tet. Dennoch lohnt es sich, einmal die Sprache COMAL COMmon
Algorithmic Language näher zu betrachten.

Für die im Vorwort angesprochene Gruppe der Schüler, Studenten und
Hobby-Programmierer ist von besonderer Bedeutung, daß der Weg von
der Problemlösung zum lauffähigen Programm möglichst kurz und einfach gehalten ist; der Umgang z.B. mit mehreren Bedienungsebenen
ist zu übungsintensiv.

Der Weg von der Problemlösung zum Programm ist bei der Sprache
BASIC extrem kurz - das ist sicher zumindest einer der Gründe für
ihre weite Verbreitung.
Den Vorteilen der Sprache BASIC - Dialogfähigkeit, gute Fehler-
lokalisierung, Fehlen von zusätzlichen Befehlstrennzeichen infolge
der Zeilenorientierung der Sprache - stehen jedoch einige Nach-
teile gegenüber, die insbesondere dann zum Tragen kommen, wenn die
zu erstellenden Programme über den '10-Zeiler' hinausgehen.

So gibt es in den verbreiteten BASIC-Dialekten zwar die Zähl-
schleife, es fehlen jedoch Sprachelemente, die es gestatten, eine
Folge von Anweisungen zu wiederholen, solange eine bestimmte
Bedingung erfüllt ist bzw. bis eine Bedingung erfüllt ist. Die
Simulation derartiger Möglichkeiten mit Hilfe von 'goto Zeilennummer' - Anweisungen erschwert die Lesbarkeit von Programmen
wesentlich.
Unglücklich ist weiterhin die Verwendung eines Symbols für zwei
Zusammenhänge. Der dynamische Vorgang, einer Variablen ein n Wert
zuzuweisen, sollte streng von dem statischen Vorgang des Über-
prüfens der Übereinstimmung zweier Terme getrennt werden - in der
Sprache BASIC übernimmt das '='-Zeichen beide Bedeutungen. Hier
würde die Verwendung des symbolisierten Zuweisungspfeiles ':='
die Lesbarkeit der Programme deutlich erhöhen.

Weiterhin sollte eine komfortable Programmiersprache die Möglichkeit enthalten, mit IF ... THEN ... ELSE ... ENDIF jeweils
auch eine größere Anzahl von Anweisungen klammern sowie Programm-

teile in Form von Prozeduren und Funktionen auslagern zu können.

In diesem Sinne kommt die Sprache COMAL, die von Christensen und Loefstedt 1973 entwickelt wurde (vgl. Christensen 1985, S.VII) und deren Standard COMAL-80 1979 festgelegt wurde (vgl. Christensen 1981, Vorwort) der Idealvorstellung einer leistungsfähigen Sprache für den Schul- bzw. nichtprofessionellen Bereich sehr nahe. Die Sprache enthält die zur strukturierten Programmierung notwendigen Elemente, verzichtet auf bezüglich der Problemlösung überflüssige Elemente und ist noch benutzerfreundlicher als BASIC.
Da sie ursprünglich als BASIC-Verbesserung konzipiert wurde – "..., indem wir die Einfachheit von BASIC mit der Macht von PASCAL vereinigten." (Christensen/Wolgast 1984, S. 5), enthält sie die üblichen Schlüsselwörter und mathematischen Operatoren dieser Sprache – der eingefleischte BASIC-Spezialist hat daher keine Schwierigkeiten, die Vorteile von COMAL sofort zu nutzen. Und sollte ihm einmal ein REM oder LET unterlaufen oder sollte er in Gedanken statt ':=' einfach '=' eintippen oder NEXT statt ENDFOR – kein Problem, das System korrigiert diese Eingaben von sich aus.

Darüberhinaus bietet COMAL jedoch z.B. mit REPEAT ... UNTIL – bzw. WHILE ... ENDWHILE -Schleifen, zusätzlichen Operatoren, der Möglichkeit der Vereinbarung offener und geschlossener Prozeduren mit Referenz- und Werteparametern sowie einer sehr komfortablen Fehlerbehandlung deutliche Verbesserungen gegenüber BASIC.

COMAL ist in Skandinavien im schulischen Bereich weit verbreitet; in der Bundesrepublik weitet sich der COMAL-Einsatz von Norden her ständig aus.
Insbesondere als Folge der guten Unterstützung einer strukturierten Programmierung und der sehr komfortablen Fehlerbehandlung ist COMAL für den schulischen Bereich sehr gut geeignet. Mit der zunehmenden Verfügbarkeit auch freier Versionen entfällt in Zukunft die bisher evtl. noch existierende Schranke der Einsatzkosten.

2 Anfertigung eines COMAL-Programmes

2.1 Überlegungen zur strukturierten Programmierung

Ein Computerprogramm zu erstellen bedeutet, (eine Folge von) Anweisungen zu formulieren, die ein nicht-denkfähiges Gerät in die Lage versetzt, in der Zukunft ein Problem mit verschiedenen Ausgangsdaten beliebig oft zu lösen.
Da für die Zukunft geplant und formuliert wird, muß besonderer Wert darauf gelegt werden, daß sämtliche im Rahmen des Problems denkbaren Fälle erfaßt werden und daß das Gerät bei der Abarbeitung der Anweisungen z.B. nicht unversehens in eine Endlosschleife gerät.
Man sollte daher bei der Formulierung insbesondere auf Endlichkeit und Eindeutigkeit des mit der Anweisungsfolge beschriebenen Ablaufes achten. Weiterhin sollten kaum noch 'überblickbare' Sprünge im Programm ausgeschlossen werden. Um dies zu erreichen, sollte man ein Problem zunächst einmal in zusammenhängenden Blöcken durchdenken, diese in geeigneter Form darstellen und anschließend Block für Block schrittweise verfeinert notieren.
Diese Vorgehensweise wird - wie die nachfolgenden Abschnitte zeigen werden - durch COMAL sehr gut unterstützt.

2.2 Struktogrammelemente und ihre Entsprechung in COMAL

Die in diesem Abschnitt dargestellten Elemente werden jeweils mit Hilfe einfacher COMAL-Beispiele erläutert. Dabei werden Anweisungen benutzt, wie z.B.:

Anweisung:	Bedeutung:
input x	lies eine Zahl ein und speichere sie unter dem Namen 'x'
print x	drucke den Wert aus, der unter dem Namen 'x' gespeichert ist
print "Text"	drucke die Zeichenkette 'Text' aus
x := x + 1	erhöhe den Wert, der unter dem Namen 'x' gespeichert ist, um eine Einheit
x1 := 3*a + 2	errechne den Wert 3*a + 2 und speichere ihn unter dem Namen 'x1'

2.2.1 Grundelemente

Vgl. zu diesem Abschnitt beispielsweise Wirth 1983 b, S. 39 ff.

S E Q U E N Z

Ausgangspunkt sei die (triviale) Überlegung, daß jedes Programm
einen Anfang und ein Ende haben muß.
Damit läßt sich ein komplettes Programm zunächst einmal als ein
Block darstellen.

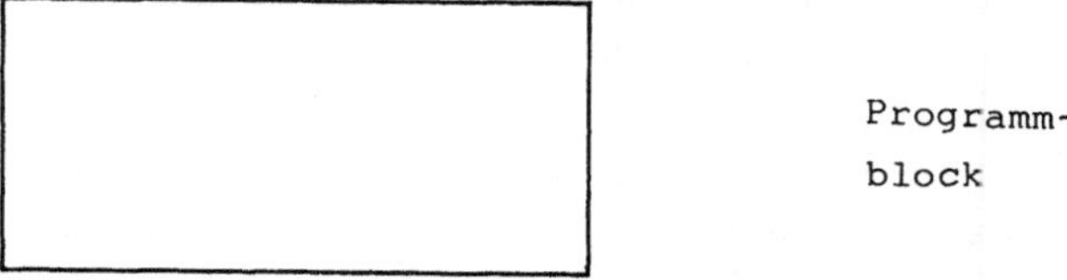

Programm-

block

Ein derartiger Block wird stets von oben nach unten durchlaufen.

Da ein Programm kaum aus lediglich einer einzigen Anweisung
bestehen wird, muß man diesen Block in eine Mehrzahl von Anweisungen unterteilen können. Formal wird die Gesamtanweisung
(Programm) in Einzelanweisungen zerlegt.

Drucke '1. Anweisung'
Drucke '2. Anweisung'
.
.
.
.
Drucke 'n-te Anweisung'

```
100 print "1. Anweisung"
110 print "2. Anweisung"
.............
.............
.............
.............
230 print "n-te Anweisung"
```

Diese Anweisungen werden in der Reihenfolge der Zeilennummern
vom Computer abgearbeitet.
Eine Klammerung des Gesamtprogramms durch 'begin ... end' ist
überflüssig; Sie dürfen jedoch ein END an das Programmende setzen.
In der Version 2.0 können Sie mit Hilfe der Anweisung END " "
d.h. mit END und einem Leerkommentar die Systemmeldung end at ...
unterdrücken.

A U S W A H L

Ein Block kann jedoch auch senkrecht unterteilt werden. In diesem
Falle entstehen Parallelpfade. Da prinzipiell von oben nach unten
gearbeitet wird, ist es erforderlich, dem Computer zu Beginn des
senkrecht unterteilten Blockes mitzuteilen, welcher der Parallelpfade abzuarbeiten ist. Dieses wird durch den Einbau einer symbolischen Weiche am Kopf des betreffenden Blockes erreicht, in der
die Verzweigungsbedingung angegeben ist.

<table>
<tr><td colspan="2">zahl > 10</td><td rowspan="2">100 if zahl > 10 then</td></tr>
<tr><td>Ja</td><td>Nein</td></tr>
<tr><td>Drucke:
'Anweisung
Al aus-
führen'</td><td>Drucke:
'Anweisung
A2 aus-
führen'</td><td>110   print "Anweisung Al
          ausführen"
120 else

      print "Anweisung A2
          ausführen"
140 endif</td></tr>
</table>

Im dargestellten Fall wird der linke Pfad abgearbeitet, falls die
Bedingung (zahl > 10) erfüllt ist; andernfalls soll der Computer die Anweisungen(en) des rechten Pfades abarbeiten.

Da bei diesem Element der zweiseitigen Auswahl sowohl der linke
Pfad als auch der rechte Pfad leer sein können, beinhaltet dieses
Element die einseitige Auswahl als Sonderform. In diesen Fällen
kann ELSE entfallen.

W I E D E R H O L U N G

Eine gewünschte Abweichung vom linearen Durchlauf kann darin bestehen, daß eine Anweisungssequenz unmittelbar aufeinanderfolgend
mehrfach durchlaufen wird.
In diesem Fall kann man die betroffenen Anweisungen durch eine
symbolische Wiederholungsklammer zusammenfassen.

```
┌─────────────────────┐
│ ┌─────────────────┐ │
│ │ Anweisung A1    │ │
│ │ Anweisung A2    │ │
│ │ ...             │ │
│ │ ...             │ │
│ │ ...             │ │
│ │ Anweisung An    │ │
│ └─────────────────┘ │
└─────────────────────┘
```

Wiederholungsschleife

Zwingend erforderlich ist jedoch, die Möglichkeit zu schaffen, im
Vorhinein festzulegen, wie oft die Anweisungsfolge A1 bis An
durchlaufen werden soll.

Hier gibt es drei grundsätzliche Möglichkeiten:

```
┌──────────────────────┐   ┌──────────────────┐   ┌──────────────────┐
│ Für Durchgang 1 bis 15│   │ Wiederhole       │   │ Solange C erfüllt│
│  ┌─────────────────┐ │   │  ┌────────────┐  │   │  ┌────────────┐  │
│  │    A1           │ │   │  │    A1      │  │   │  │    A1      │  │
│  │    A2           │ │   │  │    A2      │  │   │  │    A2      │  │
│  │    .            │ │   │  │    .       │  │   │  │    .       │  │
│  │    .            │ │   │  │    .       │  │   │  │    .       │  │
│  │    An           │ │   │  │    An      │  │   │  │    An      │  │
│  └─────────────────┘ │   │  └────────────┘  │   │  └────────────┘  │
│ Wiederhole           │   │ bis B erfüllt    │   │ Wiederhole       │
└──────────────────────┘   └──────────────────┘   └──────────────────┘
          a)                        b)                      c)
```

Mit der Wiederholungsschleife haben wir das dritte Element kennen-
gelernt, das zur Strukturierung eines Programmblockes benötigt
wird.

Die Möglichkeiten a) bis c) müssen jedoch noch genauer erläutert
werden.

Fall a) stellt eine sogenannte Zählschleife dar, bei der die
Anzahl der Durchläufe unabhängig von einer weiteren Bedingung
festgelegt wurde.

Um die Durchläufe mitzählen zu können, muß dem Computer eine Laufvariable angegeben werden, unter der er sich die Anzahl der erle-
digten Durchläufe 'merken' kann.
Bei Verwendung der Laufvariablen 'lv' könnte ein derartiger Programmteil z.B. wie folgt aussehen:

Beispiel:

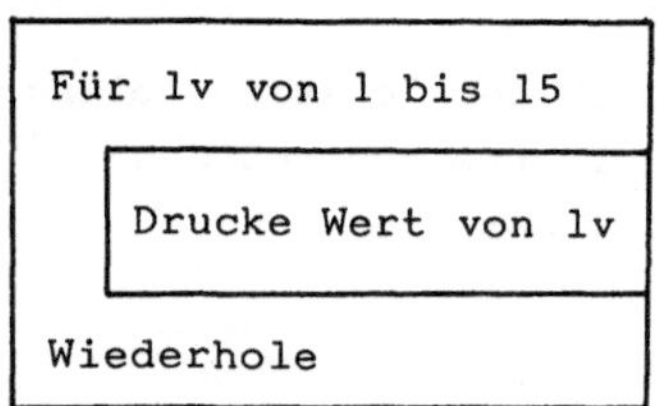


```
100 for lv := 1 to 15

110    print lv

120 endfor

130 ....
```

Erläuterungen:

Beim Abarbeiten dieses Programmteiles geschieht folgendes:
Beim ersten Eintritt in die Zeile 100 wird unter dem Namen 'lv'
der Wert 1 gespeichert. Durch Anweisung 110 wird dieser Wert jetzt
gedruckt. Zeile 120 enthält die Information, daß die Schleife
vollständig durchlaufen wurde; der Computer erhöht an dieser
Stelle den Wert der Laufvariablen um 1, verzweigt zurück zur
Anweisung 100 und prüft, ob der neue Wert der Laufvariablen noch
innerhalb der Grenzen von 1 bis 15 (jeweils einschließlich) liegt.
In diesem Falle wird die Schleife erneut durchlaufen, in Zeile 120
der Wert um 1 erhöht usw. Erst wenn der Computer in Zeile 100
feststellt, daß der aktuelle Wert der Laufvariablen außerhalb des
Intervalls von 1 bis 15 liegt, wird die Schleife nicht mehr durch-
laufen; der Computer setzt die Abarbeitung des Programmes bei
Zeile 130 fort.
Nach Verlassen dieser Schleife liegt der Wert der Laufvariablen
also stets außerhalb der im Schleifenkopf angegebenen Grenzen.
Die Schrittweite, mit der der Computer die Laufvariable verändert,
ist einstellbar. Fehlt eine Angabe (wie oben), so wird die
Schrittweite +1 angenommen.
Soll der Computer z.B. die Laufvariable von 15 bis -9 rückwärts
mit der Schrittweite -0,2 herunterzählen, so müßte die Zeile 100
des Beispieles wie folgt geändert werden:

```
        100 for lv := 15 to -9 step -0.2
```

Ein weiterer Hinweis: Der Wert der Laufvariablen einer derartigen
Schleife ist jederzeit abfragbar und auch manipulierbar. Fragen
Sie den aktuellen Wert ab, so oft Sie wollen - aber manipulieren
Sie den Wert nicht! Sie erhalten sonst zu leicht die eingangs an-
gesprochenen unbeabsichtigten Endlosschleifen.

Die Fälle b) und c) bilden sogenannte Bedingungsschleifen.

Im Fall b) wird die Anweisungsfolge innerhalb der Schleife solange
wiederholt, bis eine im Schleifenende aufgeführte Bedingung erfüllt ist. Diese Prüfung geschieht am Schleifenende.

Beispiel:

```
Wiederhole                      200 repeat
    Eingabe Zahl x              210    input "Zahl ": x
bis x > 0                       220 until x>0
                                230 ......
```

Erläuterungen:

Die Schleife der Zeilen 200 bis 220 wird auf jeden Fall einmal
durchlaufen, da die formulierte Bedingung erst in Zeile 220 geprüft wird. Ist der eingegebene Wert negativ, wird die Schleife
erneut durchlaufen. Erst wenn die in Zeile 220 formulierte Bedingung erfüllt ist, wird das Programm ab Zeile 230 fortgesetzt.

Im Fall c) wird die Anweisungsfolge innerhalb der Schleife solange
wiederholt ausgeführt, wie die im Schleifenkopf formulierte Bedingung erfüllt ist. Die Prüfung der Bedingung geschieht im Schleifenkopf.

Beispiel:

```
x := 20                         190 x := 20
Solange x > 10                  200 while x > 10
    x := x - 2                  210    x := x - 2
Wiederhole                      220 endwhile
                                230 ....
```

Erläuterungen:

Damit in Zeile 200 überhaupt geprüft werden kann, ob x > 10 ist, muß vorher ein Wert für x existieren; hier willkürlich in Zeile 190 festgelegt. Solange x größer 10 ist, wird in Zeile 210 x um 2 verringert, aus Zeile 220 zur Zeile 200 verzweigt, geprüft, ob x immer noch größer 10 ist und die Schleife solange abgearbeitet, wie die im Schleifenkopf formulierte Bedingung erfüllt ist. Wenn der aktuelle Wert der Variablen x die Bedingung im Schleifenkopf nicht erfüllt, wird das Programm ab Zeile 230 fortgesetzt. Ein weiterer Hinweis: Diese Schleife kann auch Null-mal durchlaufen werden; dies ist der Fall, wenn bereits bei der ersten Prüfung in Zeile 200 die Bedingung nicht erfüllt ist. Setzen Sie einmal in Gedanken in Zeile 190 den Wert für x auf 5!

Diese drei Elemente genügen, um wohlstrukturierte Programme zu schreiben, da jede der Anweisungen mit den oben allgemein dargestellten Elementen ihrerseits wieder aus einer Sequenz, einer Auswahl oder einer Wiederholungsanweisung bestehen kann, die ihrerseits wiederum aus Wiederholung, Sequenz oder Auswahl bestehen können, wobei jede der hierbei vorhandenen Anweisungen wiederum aus Auswahl, Wiederholung oder Sequenz bestehen kann, wobei jede Einzelanweisung ihrerseits ...... usw. Diese Elemente lassen sich also beliebig unterteilen und schachteln, ohne daß die Grundstruktur des Gesamtprogramms dadurch verändert wird.

2.2.2 Erweiterungen

Zur Erhöhung der Übersichtlichkeit bietet COMAL weitere Baugruppen.

F A L L U N T E R S C H E I D U N G E N

Angenommen, ein Block soll in 4 Parallelpfade mit den Anweisungen A1 bis A4 aufgespalten werden. Die Auswahl des zu durchlaufenden Pfades soll sich danach richten, welche Werte eine Variable x angenommen hat. Diese Unterteilung in 4 Fälle ließe sich mit drei geschachtelten zweiseitigen Auswahlelementen realisieren. Soll eine Fehleingabe abgefangen werden, müßte man sogar 4 Elemente schachteln.

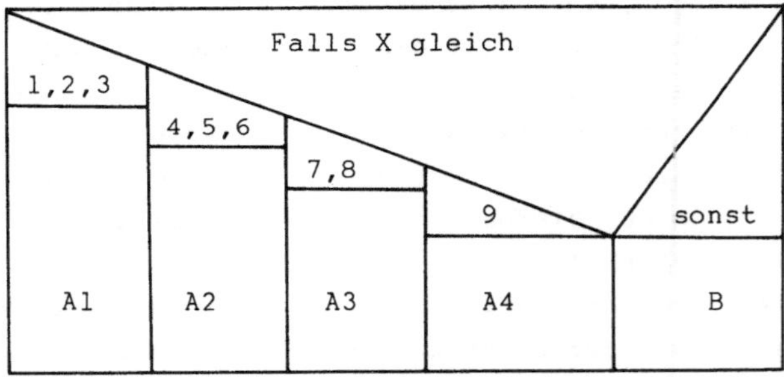

Da jedoch bei jeder Abfrage der gleiche Ausdruck x abgefragt wird, läßt sich die Gesamtstruktur übersichtlicher durch das Symbol der Fallunterscheidung darstellen:

Beispiel:

Der Fallunterscheidung entspricht z.B. folgender Programmteil:

```
0100 input "Zahl zwischen 1 und 9 einschließlich ? ": zahl
0110 case zahl of
0120 when 1,2,3
0130   print "1, 2, oder 3"
0140 when 4,5,6
0150   print "4, 5, oder 6"
0160 when 7,8
0170   print "7 oder 8"
0180 when 9
0190   print "Neun"
0200 otherwise
0210   print "Fehleingabe oder keine ganze Zahl"
0220 endcase
```

Erläuterungen:

Nach Eingabe einer Zahl wird der Reihenfolge der Zeilennummern
entsprechend geprüft, ob der eingegebene Wert in einer der nach
WHEN aufgeführten Listen enthalten ist.
Ist dies der Fall, so wird die auf das betreffende WHEN folgende
Anweisung(sfolge) ausgeführt; weitere WHEN werden dann nicht
mehr geprüft. Ist der eingegebene Wert in keiner der aufgeführten
Listen enthalten, wird die nach OTHERWISE aufgeführte Anwei-
sung(sfolge) ausgeführt.
Nach WHEN lassen sich auch Listen von Symbolketten aufführen,
z.B.

        when "Auto","Benzin", "Ersatzrad"

weiterhin Listen von Variablen, z.B.:

        when x1, x4, x6
bzw.
        when name$, antwort$, b$ (vgl. auch Abschnitt 3.7)

In den letzten beiden Fällen wird jeweils geprüft, ob der eingegebene Term mit dem Inhalt der nach einem WHEN aufgeführten
Variablen übereinstimmt.
Zu beachten ist jedoch, daß die nach WHEN aufgeführten Listen und
die nach CASE genannte Variable vom gleichen Typ sein müssen.

Gesetzt den Fall, Sie wollen eine Mehrfachauswahl formulieren, die
Auswahlelemente lassen sich jedoch nicht in Form kurzer (end-
licher) Listen nach einem WHEN aufführen, da sie z.B. in folgender Form vorliegen:

    Bedingung 1: $x < -3$
    Bedingung 2: $-3 < x < 16.5$
    Bedingung 3:   x ist nicht ganzzahlig

Diese Bedingungen lassen sich formulieren als:

1) $x < -3$; 2) $(x > -3 \text{ and } x < 16.5)$ 3) $x \bmod 1 <> 0$.

Sie können diese Bedingungen aber nicht in WHEN-Listen schreiben, da diese Listen lediglich eine Aufzählung darstellen dürfen, wobei zwar Rechenoperatoren zulässig sind

         when 4-1, a+b, 9, 11   ,

die Vergleichsoperatoren ' > < ' und der Operator IN jedoch nicht akzeptiert werden.

COMAL läßt aber auch die Fallunterscheidung mit Vergleichen in der gleichen Grundstruktur wie CASE durch Verwendung von IF ... THEN .... ELIF .... ELIF .... ELSE ... ENDIF zu. Das Fallunterscheidungsprogramm sähe geändert etwa wie folgt aus:

```
0100 input "Geben Sie ein Zahl ein ": zahl
0110 if zahl<-3 then
0120    print "kleiner als -3"
0130 elif (zahl>-3 and zahl<16.5) then
0140    print "zwischen -3 und 16,5"
0150 elif zahl mod 1<>0 then
0160    print "Zahl ist nicht ganzzahlig"
0170 elif zahl=4 then
0180    print "genau 4"
0190 else
0200    print "etwas anderes"
0210 endif
```

Zu beachten ist auch hier, daß in einem Durchlauf nur die Anweisungen nach der ersten erfüllten Bedingung ausgeführt werden; weitere Prüfungen finden nicht statt. 'genau 4' wird also niemals auf dem Schirm erscheinen. (vgl. Zeile 130)

P R O Z E D U R E N

Eine zusätzliche Möglichkeit besteht darin, Unterprogramme (Prozeduren) formulieren zu können.
Angenommen, Sie wollen ein Programm formulieren, mit dessen Hilfe in den Zeilen des Kinderverses 'Drei Chinesen mit dem Kontrabaß...' sämtliche Vokale nacheinander durch den Vokal 'a', 'e', 'i', 'o' und 'u' ausgetauscht werden. Nach jedem Tauschvorgang sind sämtliche Zeilen neu zu drucken.
Ihr Struktogramm könnte wie folgt aussehen:

<table>
<tr><td>Ohne Unterprogramm</td><td>Mit Unterprogramm</td></tr>
</table>

Ohne Unterprogramm
Festlegung der Verszeilen
Ersatzvokal := 'a'
Verszeilen einlesen
Vokale ersetzen
Verszeilen drucken
Ersatzvokal := 'e'
Verszeilen einlesen
Vokale ersetzen
Verszeilen drucken
Ersatzvokal := 'i'
Verszeilen einlesen
Vokale ersetzen
Verszeilen drucken
Ersatzvokal := 'o'
Verszeilen einlesen
Vokale ersetzen
Verszeilen drucken
Ersatzvokal := 'u'
Verszeilen einlesen
Vokale ersetzen
Verszeilen drucken

Mit Unterprogramm
Festlegung der Verszeilen
Ersatzvokal := 'a'
Zeilen lesen, ändern, drucken
Ersatzvokal := 'e'
Zeilen lesen, ändern, drucken
Ersatzvokal := 'i'
Zeilen lesen, ändern, drucken
Ersatzvokal := 'o'
Zeilen lesen, ändern, drucken
Ersatzvokal := 'u'
Zeilen lesen, ändern, drucken

UNTERPROGRAMM:
Zeilen lesen, ändern, drucken
Verszeilen einlesen
Vokale ersetzen
Verszeilen drucken
ENDE UNTERPROGRAMM

Selbst bei diesen wenigen Durchgängen wird deutlich, daß die
Verwendung eines Unterprogramms die Übersichtlichkeit des Gesamt-
programms erhöht. Weiterhin spart man Schreibarbeit, da das
Unterprogramm nur einmal formuliert werden muß; es kann danach
beliebig oft aufgerufen werden.
Jede der drei Anweisungen im oben formulierten Unterprogramm
könnte ihrerseits als eigenständiges Unterprogramm formuliert
werden, so daß Sie schrittweise von der Formulierung in groben
Blöcken bis hin zur Darstellung in Einzelanweisungen mit Hilfe von
Unterprogrammformulierungen vorgehen könnten.
Die Anwendungsbereiche der Unterprogramm- oder Prozedurformu-
lierung gehen jedoch weit über reine Einsparungsmöglichkeiten bzw.
Erhöhung der Übersichtlichkeit hinaus. Weitere Anwendungsmöglich-
keiten werden im Teil 4 erläutert.

Zusammenfassung:

Die bisher behandelten Struktogrammelemente sollen noch einmal zusammengefaßt und mit den zugehörigen COMAL-Wörtern dargestellt werden.
Dabei werden Schlüsselwörter, die nicht mit eingetippt werden müssen, da das System sie automatisch ergänzt, in ( ) dargestellt.

Die Symbole A. und B. sollen die Anweisungen innerhalb eines Struktogrammes darstellen, a. und b. sollen die entsprechenden Programmformulierungen darstellen.

      Struktogrammelemente   COMAL-Darstellung
      --------------------------------   --------------------------

S E Q U E N Z

```
 _______________________
|          A1           |        a1
|-----------------------|
|          A2           |        a2
|-----------------------|
|           .           |         .
|           .           |         .
|           .           |         .
|-----------------------|
|          An           |        an
|_______________________|
```

A U S W A H L

```
 _______________________
|\       Bedingung     /|        if bedingung (then)
| \                   / |
|Ja\                 /Nein
|   \               /   |                   a1
|    \             /     |                  a2
|     \           /      |        else
|      \         /       |
|   A1           A7      |
|   A2           A8      |                   a7
|_______________________|                   a8
                                 endif
```

M E H R F A C H A U S W A H L

[CASE]

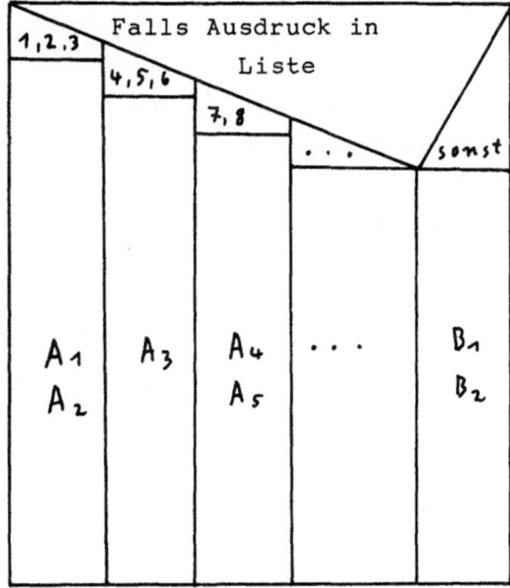


```
case ausdruck (of)

when 1, 2, 3
        a1
        a2
when 4, 5, 6
        a3
when 7, 8
        a4
        a5
          .
otherwise
        b1
        b2
endcase
```

[IF ... ELIF ... ELIF ... ELSE ... ENDIF]

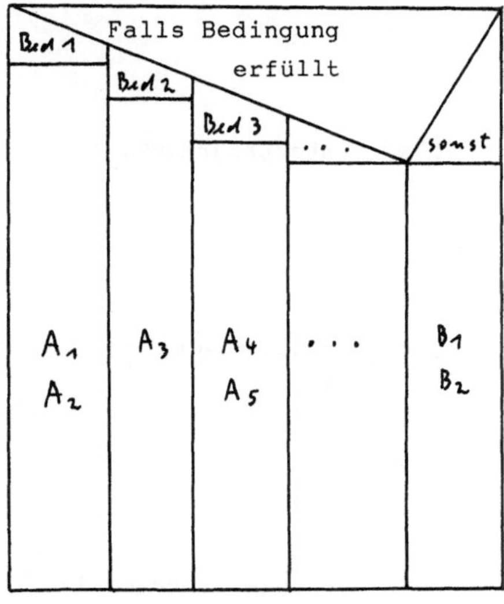


```
if bedingung1 (then)

        a1
        a2

elif bedingung2 (then)
        a3
elif bedingung3 (then)
        a4
        a5
          .
else
        b1
        b2
endif
```

W I E D E R H O L U N G

Für lv von 1 bis 15	for lv := 1 to 15 (do)
A1	a1
.	.
.	.
An	an
Schleifenende	endfor (lv)

Wiederhole	repeat
A1	a1
.	.
.	.
An	an
bis Bedingung erfüllt	until bedingung

Solange Bedingung erfüllt	while bedingung (do)
A1	a1
.	.
.	.
An	an
wiederhole	endwhile

U N T E R P R O G R A M M

A1	a1
Unterprogramm 1 ( )	(exec) unterprogramm 1 ( )
A3	a3

Unterprogramm 1 ( )	proc unterprogramm 1 ( )
Ak	ak
A1	a1
.	.
.	.
Ao	ao
Ende Unterprogramm 1	endproc (unterprogramm 1)

Wie Sie erkennen, entsprechen Struktogrammelement und COMALformu-
lierung einander vollständig. Damit liegt mit Erstellung eines
Struktogrammes praktisch bereits ein COMAL-Programm vor; die Codierung erfordert abgesehen von der Dimensionierung von Zeichenketten und Feldern keinerlei zusätzliche Überlegungen.

2.3 Methode der schrittweisen Verfeinerung.

Die Eigenschaften der oben dargestellten Elemente ermöglichen es,
mit der Methode der schrittweisen Verfeinerung zu arbeiten. Wie
bereits erwähnt, läßt sich jeder einzelne Block weiter gliedern,
so daß eine zunächst in groben Blöcken formulierte Lösung problemlos weiter verfeinert werden kann.

Ein Beispiel:
Angenommen, Sie wollen ein Programm schreiben, mit dessen Hilfe
Sie die Lösungen x1 und x2 der quadratischen Gleichung

$$ax^2 + bx + c = 0$$

ermitteln können.

Schreiben Sie zunächst die Vorgänge, die zur Lösung des Problems
ablaufen müssen, möglichst global auf und berücksichtigen Sie
dabei bereits, daß (hier) 3 Teile unterscheidbar sind: Eingabe,
Verarbeitung und Ausgabe .

Im ersten Schritt sieht Ihr Struktogramm wie folgt aus:

Eingabe der Koeffizienten a, b, c	E(ingabe)
Berechnung der Lösungen x1 , x2	V(erarbeitung)
Ausdrucken der Lösungen x1 , x2	A(usgabe)

Im zweiten Schritt müssen Sie nun das Verfahren zur Ermittlung der
Lösungen auswählen und näher beschreiben, da es keinen COMALbefehl

gibt, der die Lösungen selbsttätig nach Eingabe der Koeffizienten
ermittelt. Sie müssen dem Computer also detailliertere Anweisungen erteilen.
Sie erinnern sich sicher, daß die Lösungen der quadratischen
Gleichung als

$$x1 = -p/2 + \sqrt{(p/2) \uparrow 2 - q}$$

und

$$x2 = -p/2 - \sqrt{(p/2) \uparrow 2 - q}$$

$$\text{mit } p = b/a \quad \text{und} \quad q = c/a$$

ermittelt werden.
Es ist also sinnvoll, zunächst p und q ermitteln zu lassen.
Gleichzeitig wird klar, daß der Koeffizient a nicht den Wert Null
annehmen darf, da sonst bei der Ermittlung von p und q durch Null
dividiert werden müßte.

Daher müssen Sie Ihren Eingabeteil z.B. wie folgt präzisieren:

        Wiederhole die Eingabe der Koeffizienten
                a, b, c
        bis a ungleich Null ist.

Hier eignet sich eine Schleifenkonstruktion, sodaß Ihr Struktogramm nunmehr im zweiten Schritt folgende Gestalt annimmt:

```
┌─────────────────────────────────────┐
│ Wiederhole die Eingabe der          │
│  ┌──────────────────────────────┐   │
│  │ Koeffizienten a, b, c        │   │
│  └──────────────────────────────┘   │
│ bis a ungleich Null ist             │
├─────────────────────────────────────┤
│ Berechne:                           │
│    p :=  b/a ; q :=  c/a            │
│    d := (p/2) ↑ 2 - q               │
│    x1 :=    - p/2 + √d              │
│    x2 :=    - p/2 - √d              │
├─────────────────────────────────────┤
│ Drucke  x1 , x2                     │
└─────────────────────────────────────┘
```

Zur Sicherheit sehen Sie noch einmal im einem (beliebigen) Mathe-
matik-Buch nach und finden, daß

- für die zu behandelnde Gleichung keine Lösung
  existiert, wenn
        d < 0 ist,
- die Lösungen x1 und x2 zusammenfallen, wenn
        d = 0 ist und
- nur im Fall
        d > 0
  zwei getrennte Lösungen existieren.

Daß zwei identische Lösungen auf dem Schirm erscheinen, wenn zufällig einmal d = 0 sein sollte, läßt sich noch akzeptieren; den
Fall d < 0 sollte man aber doch getrennt behandeln.

Nachdem Sie soweit Klarheit in die Aufgabenstellung gebracht
haben, könnten Sie das Problem noch einmal in Form einer Problemanalyse formulieren, wobei Sie wiederum die Teile

Eingabe

Verarbeitung

Ausgabe

in dieser Reihenfolge notieren.

Problemanalyse:

Wiederhole die Eingabe der
    Koeffizienten a, b, c
bis a ungleich Null ist .

Im Verarbeitungsteil sind zunächst die Terme
    p = b/a ; q = c/a ;   d = (p/2)↑2 - q
zu berechnen.

Anschließend ist

im Falle d < 0 auszudrucken, daß
    keine Lösung existiert;
andernfalls sind die Lösungen gemäß
    $x1 = - p/2 + \sqrt{d}$
    $x2 = - p/2 - \sqrt{d}$
zu ermitteln und auszudrucken.

Bei dieser Problemanalyse sind Verarbeitungs- und Ausgabeteil
integriert beschrieben worden.

Wenn Sie die Angaben dieser Problemanalyse mit Hilfe der Struktogrammelemente des ersten Abschnittes darstellen, erhalten Sie folgendes Struktogramm:

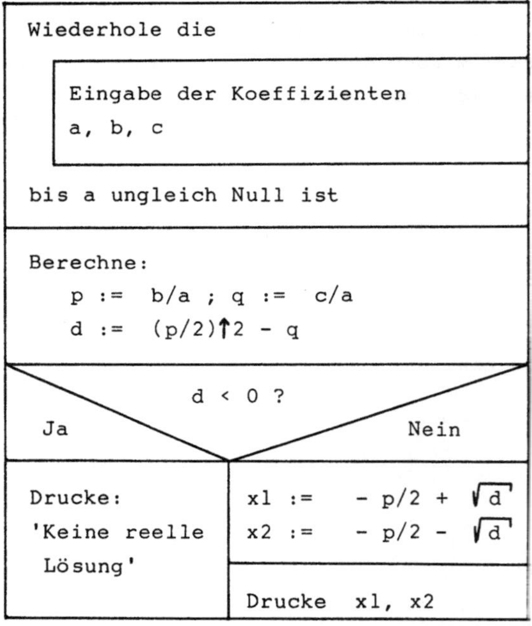

Sie hätten jetzt die Möglichkeit, weiter zu verfeinern und im
rechten Parallelpfad den Fall der Existenz nur einer Lösung
getrennt auszuweisen.
Belassen wir es aber hier einmal bei der bisher erreichten Ver-
feinerungsstufe.

Sie hätten die bisher dargestellten schrittweisen Verfeinerungen
auch außerhalb des Grundstruktogrammes mit Hilfe der im Abschnitt
2.2.2 dargestellten Unterprogrammtechnik ausführen können.

Auf das einfache Beispiel dieses Abschnittes angewandt ergäbe sich
z.B. folgende Möglichkeit:

COMAL-Darstellung:

HAUPTPROGRAMM

```
================================
100   eingabe'der'koeffizienten
110   berechnung'von'p'q'd
120   if d < 0 then
130      print "Keine relle
                   Lösung"
140   else
150      berechnung'x1'x2
160      print x1;x2
170   endif
```

Eingabe der Koeffizienten		
Berechnung von p, q, d		
d < 0 ?		
Ja		Nein
Drucke:	Berechnung x1, x2	
"Keine		
relle	Drucke x1, x2	
Lösung"		

ENDE HAUPTPROGRAMM

UNTERPROGRAMME

```
180   proc eingabe'der'ko
                     effizienten
190      repeat
200         input a, b, c
210      until a <> 0
220   endproc
```

"Eingabe der Koeffizienten"
Wiederhole
Eingabe von a, b, c
bis a ungleich Null ist
"Ende ..."

```
230   proc berechnung'von'p'q'd
240      p := b/a; q := c/a
250      d := (p/2)↑2 -q
260   endproc
```

"Berechnung von p, q, d"
p := b/a ; q := c/a
d := (p/2)↑2 - q
"Ende ..."

```
270   proc berechnung'x1'x2
280      x1 := -p/2 + √d
290      x2 := -p/2 - √d
300   endproc
```

"Berechnung x1, x2"
x1 := - p/2 + $\sqrt{d}$
x2 := - p/2 - $\sqrt{d}$
"Ende ..."

ENDE UNTERPROGRAMME

Da bei diesen Techniken der schrittweisen Verfeinerung die übersichtliche und leicht überprüfbare Struktur des einfachen Aus-
gangsstruktogramms erhalten bleibt und sie sich stets nur auf
Teilprobleme konzentrieren müssen, werden Sie auch umfangreichere
und aufwendigere Programme leicht fehlerfrei programmieren können.

2.4 Vom Struktogramm zum lauffähigen COMAL-Programm

Ein Problem ist mit der Erstellung eines einwandfreien Struktogrammes gelöst. Haben Sie dieses Struktogramm soweit verfeinert,
daß jede Struktogrammanweisung direkt durch einen Ihnen zur Verfügung stehenden COMAL-Befehl ausgedrückt werden kann, so liegt im
Prinzip bereits ein lauffähiges Programm vor, das nun codiert werden kann.

1)   Codierung eines Struktogrammes in der Sprache COMAL

Grundsätzlich erhält jede COMAL-Anweisung eine eigene Zeile mit
einer Zeilennummer, die die Reihenfolge der Abarbeitung der Anwei-
sungen angibt.
Bevor Sie mit der Codierung eines neuen Programmes beginnen, geben
Sie vorsichtshalber den Befehl
        new   (Nach jedem Befehl - RETURN-Taste drücken)
ein. Hierdurch wird ein evtl. noch im Hauptspeicher existierendes
Programm gelöscht.
Anschließend geben Sie den Befehl
        auto 100
ein.
Hierauf erzeugt das System automatisch Zeilennummern in 10-er-
Schritten, beginnend mit der Zahl 100.
Zeilennumerierung allgemein:
        auto a, s   mit a: Anfangswert und
                         s: Schrittweite
Jetzt durchlaufen Sie Ihr Struktogramm von oben nach unten,
schreiben jede Anweisung in Form einer COMAL-Anweisung und drücken
nach Abschluß jeder Anweisung einmal die RETURN-Taste. Auf diese
Weise wird jede Anweisung automatisch in eine eigene Zeile mit
korrekter Zeilennummer geschrieben; Sie brauchen sich lediglich um
Ihr Struktogramm zu kümmern.

Innerhalb der einzelnen Zeilen schreiben Sie bitte so, wie Sie
einen normalen Text schreiben würden, d.h. fügen Sie nach jedem
'Wort' eine Leerstelle durch Druck auf die Leertaste ein. Nach
jedem COMAL-Wort muß ein Leerzeichen stehen - diese Bedingung
erfüllen Sie damit auf jeden Fall. Überflüssige Leerzeichen
entfernt das System anschließend von sich aus.

Stoßen Sie in Ihrem Struktogramm auf Verzweigungen, so arbeiten
Sie nacheinander sämtliche Parallelpfade von links beginnend
jeweils von oben nach unten ab, bis Sie am rechten Rand des in
Parallelpfade aufgespaltenen Blockes angelangt sind. Anschließend
fahren Sie fort, das Struktogramm in Richtung 'unten' abzuarbei-
ten.
Nach der letzten Anweisung drücken Sie zweimal die Taste RETURN;
das zweite RETURN hebt in der Version 0.14 den auto-Befehl auf.
(In der Version 2.0 wird der auto-Befehl durch Druck auf die
RUN/STOP-Taste aufgehoben).

Dieses Verfahren soll zunächst an einem inhaltslosen Beispiel
erläutert werden.

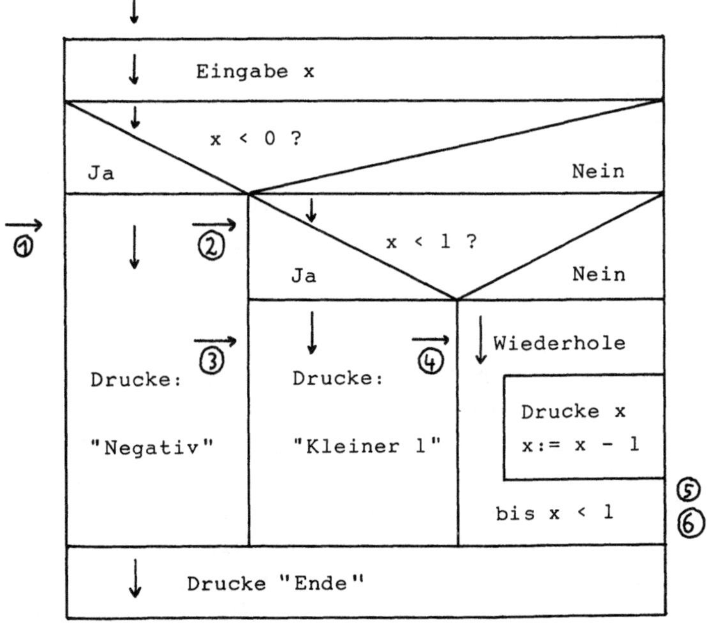

Von oben beginnend notieren Sie zunächst die Eingabe (INPUT) von
x; bei der nächsten Zeile stellen Sie fest, daß eine zweiseitige
Auswahl vorliegt.
Sie notieren zunächst die Bedingung (IF x < 0) als eine Zeile und
befinden sich nun im Struktogramm am linken Rand der zweiseitigen
Auswahl. Nach der Formulierung der Druckanweisung (PRINT) legen
Sie mit ELSE die mittlere Trennlinie fest und stellen fest, daß
Sie sich erneut in der Kopfzeile einer zweiseitigen Auswahl befinden. Also haben Sie wiederum zunächst die Bedingung (IF x < 1) zu
schreiben und anschließend die Druckanweisung 'Kleiner 1'. Nach
dem zu dieser zweiseitigen Auswahl gehörenden ELSE haben Sie die
Wiederholungsschleife des rechten Blockes zu schreiben; anschließend müssen Sie mit zwei ENDIF -Anweisungen beide ineinanderge-
schachtelten Auswahlstrukturen schließen. Abschließend formulieren
Sie letzte Druckanweisung.

Wenn Sie den Pfeilen korrekt gefolgt sind und nach jeder Anweisung
einmal die RETURN-Taste gedrückt haben, erhalten Sie nach LIST
folgenden Ausdruck:

```
0100 input x
0110 if x<0 then    ①
0120    print "Negativ"
0130 else           ②
0140    if x<1 then    ③
0150       print "Kleiner 1"
0160    else            ④
0170       repeat
0180          print x
0190          x:=x-1
0200       until x<1
0210    endif           ⑤
0220 endif           ⑥
0230 print "Ende"
```

Die mit Ziffern versehenen COMAL-Wörter entsprechen den senkrech-
ten Begrenzungsstrichen der Parallelpfade des Mittelteils des
Struktogrammes. Sie erkennen leicht, daß THEN als linke Grenz-
linie, ELSE als mittlere Trennlinie und ENDIF als rechte
Begrenzungslinie angesprochen werden kann. Zwei Linien tragen zwei
Ziffern, da sie gleichzeitig zwei Funktionen erfüllen: Die senkrechte Linie mit den Ziffern 2 und 3 ist sowohl mittlere Tren-
nungslinie der übergeordneten zweiseitigen Auswahl als auch linke
Begrenzungslinie der rechten eingeschlossenen Auswahl; die

senkrechte Linie mit den Ziffern 5 und 6 bildet für beide Auswahlstrukturen die rechte Grenze.

Jede Auswahlstruktur wird also vollständig aufgeschrieben; die
übergeordnete Auswahl mit den COMAL-Wörtern der Ziffern 1 ... 2
... 6 und die untergeordnete Auswahlstruktur mit Hilfe der COMAL-
Wörter der Ziffern 3 ... 4 ... 5 . Dabei sind 3 ... 4 ... 5 in
dem von 2 und 6 definierten Abschnitt enthalten.

Als Folge dieser vollständigen Klammerung jedes einzelnen Struk-
turelementes durch COMAL-Wörter können Sie jedes Programmelement
in sich weiter verfeinern und strukturieren, ohne Gefahr zu laufen, daß die Struktur des Gesamtprogramms unübersichtlich oder in
irgendeiner ungewollten Weise verändert wird.

Im obigen Beispiel wurde das Listing bereits strukturiert wieder-
gegeben, d.h. mit den Einrückungen, die es ermöglichen, zusammen-
gehörende Wortgruppen (z.B. repeat ... until) einfacher zu erkennen.
Wenn Sie ein Struktogramm übertragen, rücken Sie die Zeilen bitte
nicht ein, das System erledigt das für Sie, wenn Sie den Befehl

        list

eingeben.

Wollen Sie ein Programm unstrukturiert auflisten, so geben Sie
bitte den Befehl

        edit

ein.
Vergessene Zeilen können Sie in das Programm einfügen, indem Sie
die Zeile mit einer entsprechenden Zeilennummer eintippen und die
Taste RETURN drücken; das System fügt die neue Zeile der Zeilennummer entsprechend in das Programm ein.

Haben Sie versehentlich eine Zeile doppelt eingetippt, so können
Sie diese Zeile löschen durch den Befehl z.B.:

        del 150   (lösche Zeile 150)

Weitere Möglichkeiten:

```
        del 120 - 180       (löschen von 120 - 180)
        del - 150           (löschen von 1 bis 150)
        del -               (löschen bis 9999)
```

Falls Sie aus ästhetischen Gründen die Zeilennummern nur in
10er-Schritten haben wollen, geben Sie einfach z.B.

        renum 100

ein und Ihr Programm wird sofort mit neuen Zeilennummern ab 100
ausgegeben, wie Sie durch nachfolgendes Listen erkennen können.

Neunumerierung allgemein:

        renum a, s   mit a: Anfangswert und
                             s: Schrittweite

2) Korrektheitsprüfungen

COMAL unterstützt Sie durch eine sehr komfortable Fehlerbehandlung.

Tippfehler

Beim Eintippen einer Zeile werden bereits feststellbare Fehler
(z.B. 'prunt' statt 'print') erkannt, der Fehler wird beschrieben
und der Cursor steht in der fehlerhaften Zeile (etwa) an der
Stelle, an der der Fehler aufgetreten ist, so daß Sie derartige
Fehler sofort beheben können.

Strukturfehler

Haben Sie Ihr Programm vollständig eingetippt, geben Sie auf jeden
Fall einmal den Befehl

        list

ein.
Sollte Ihr Programm zum Beispiel im Endteil so aussehen,

```
0150 repeat
0160    input "Erläuterung": x
0170    for lv:=1 to 20 do
0180       y:=x↑2
0190       print x,y
0200    endfor lv
```

dann erkennen Sie sofort, daß hier eine abschließende Zeile mit
UNTIL ... fehlt; die Struktur 'hängt in der Luft', es beginnt kein
COMAL-Wort senkrecht unter REPEAT .
Wenn sie die bisher angesprochenen Fehler beseitigt haben, geben
Sie bitte den Befehl

      RUN

ein.
Nunmehr werden die im Programm enthaltenen Strukturelemente miteinander verknüpft und auf Korrektheit überprüft. Fehler benennt
das System unter Angabe der Zeilennummer und einer Erläuterung
hinsichtlich der Art des Fehlers.

Im oben dargestellten Fall meldet das System :

      at 0200: error in structured statement

Nach Beseitigung der Fehler geben Sie erneut RUN ein.

Liegen keine Strukturfehler mehr vor, wird nach RUN Ihr Programm
abgearbeitet. Hierbei können weitere Fehler erkennbar werden; z.B.
könnten Sie in einem Term eine unbekannte Variable versteckt haben
oder Sie haben vergessen, ein Feld zu dimensionieren. (Vgl. hierzu
Abschnitte 3.7 und 4.1)
Auch auf diese Fehler werden Sie unter Angabe der Zeilennummer
hingewiesen.

Haben Sie die angezeigten Fehler beseitigt, so läuft Ihr Programm;
für die logische Korrektheit sind jedoch Sie allein verantwort-
lich!
(Aber schließlich haben Sie ja mit Struktogrammen gearbeitet - was
soll da noch schiefgehen?)

Vielleicht erscheint Ihnen jetzt der Prüfaufwand von COMAL z.B. im
Vergleich zu BASIC übertrieben und zu zeitaufwendig. Da Ihnen aber
nach den ersten Programmen kaum noch Fehler unterlaufen werden,
spielt der Zeitaufwand keine Rolle. Sollte Ihnen dann aber doch
noch einmal ein Fehler unterlaufen, ist es immer besser und weniger zeitaufwendig, wenn dieser Fehler vor dem endgültigen Programmablauf angezeigt wird und von Ihnen beseitigt werden kann.

Das (BASIC-)Motto : "Lassen wir das Programm erst einmal laufen -
Fehler beseitigen wir dann später! " führt zu im Endeffekt wesentlich zeitaufwendigeren Ergebnisanalysen.

Sie werden feststellen, daß gerade die sehr komfortable Fehlerbehandlung neben der guten Unterstützung der strukturierten Programmierung COMAL zu einer nahezu idealen Sprache für schulische
und autodidaktische Zwecke macht.

2.5 Steueranweisungen

An dieser Stelle soll eine kurze Übersicht über die Anweisungen
erfolgen, die sich auf die Behandlung von Programmen und auf den
Informationsaustausch mit Floppy und Drucker beziehen.

COMAL arbeitet standardmäßig mit der Floppy als externem Speicher.
Daher braucht keine Gerätenummer angegeben zu werden, wenn man die
Floppy ansprechen will; anders beim Kassettenrekorder, der durch
eine angefügte '1' angesprochen wird, z.B. durch save "Programm-
name",1 .
Die Befehle chain, con, close, open und status werden erst in den
Teilen 5.3 und 6.1 benutzt und dort erläutert.

Falls eine Anweisung auch innerhalb eines Programmes einsetzbar
ist, wird dies durch einen '*' gekennzeichnet.

Anweisung:	Bezug:	Erläuterung: (LW = Laufwerk)
	PROGRAMME	
new		lösche aktuelles Programm im Arbeitsspeicher
auto 100, 5		autom. Zeilennumerierung; vgl. Teil 2.4
renum 100, 2		numeriere aktuelles Programm neu, vgl. Teil 2.4
list		liste Programm strukturiert
edit		liste Programm unstrukturiert
del 100 - 150		lösche Zeilen 100 - 150
run		starte Programm im Arbeitsspeicher
con		fahre im Programm fort - nach stop oder Abbruch
	FLOPPY	
cat 0 bzw. 1		lies und liste Inhaltsverzeichnis der Diskette aus LW 0 bzw. LW 1
save "0:Programmname"		speichere aktuelles Programm auf Floppy LW 0

```
load "0:Programm 1"                        lade mit 'save' gespeichertes
                                           Programm 'Programm 1' (LW 0)
chain "Programmname"            *          lade und starte mit 'save'
                                           gespeichertes Programm
                                           'Programmname' von der Floppy
list "0:Programmname"                      speichere aktuelles Programm
                                           als List-File auf der Floppy
list 150 - 480 "0:Prog.Name"               speichere den bezeichneten
                                           Teil (Zeilen 150 - 480) als
                                           List-File auf der Floppy
enter "0:Programmname"                     füge mit 'list' gespeichertes
                                           Program in das aktuelle Prog.
                                           ein (Version 2.0: merge)
delete "0:Programmname"         *          lösche bezeichnetes Programm
                                           auf der Floppy, LW 0
pass                            *          sende Kommandos zur externen
                                           Einheit
                                           Hierbei werden Kurzformen
                                           verwandt, z.B.
  pass"c1=0"           (c=copy)            kopiere gesamte Diskette
                                           aus LW 0 nach LW 1
  pass"c1:Neuname=0:Altname"               Programm 'Altname' aus LW 0
                                           wird unter 'Neuname' nach
                                           LW 1 kopiert
  pass"d1=0"           (d=duplicate)       dupliziere Diskette aus LW 0
                                           nach LW 1
  pass"n1:D-Name,01" (n=new)               formatiere Diskette in LW 1
                                           mit Namen 'D-Name' und der
                                           laufenden Nummer 01
  pass"s1:Programm 1" (s=scratch)          lösche 'Programm 1' in LW 1
  pass"r0:Neuname=0:Altname"               benenne Programm 'Altname'
                    (r=rename)             im LW 0 mit neuem Namen
                                           'Neuname'
  pass"v1"            (v=validate)         überprüfe und bereinige
                                           Diskette in LW 1
```

Die Befehle DELETE , COPY , SCRATCH , und RENAME lassen sich in
der dargestellten Form auch auf Dateien anwenden.

```
open file 3              *      öffne Informationskanal
                                Nr. 3 zur externen Einheit
                                siehe Beispiele Teil 5.3
status                   *      drucke Fehlermeldung und
                                schließe Fehlerkanal
close 2                  *      schließe file 2 ; ohne Zahl:
                                sämtliche files schließen


            DRUCKER

select "lp:"  ("ds:")    *      schalte Ausgabe um auf
                                Drucker  (Bildschirm)
setexec+      (-)               schreibe im Programmlisting
                                vor den Prozeduraufruf das
                                Schlüsselwort 'exec'


            BILDSCHIRM

setmsg-       (+)               unterdrücke die Fehler-
                                meldung und schreibe nur
                                die Fehlernummer auf


            STOP-TASTE

trap esc-     (+)        *      schalte Wirkung der
                                CTRL+STOP - Taste aus
```

3 Grundelemente der Sprache COMAL

3.1 Variablen

Ein Computer benötigt zur Verwaltung jeder Information einen
Speicherbereich, der mit einem 'Etikett' - Variable genannt -
bezeichnet werden muß.
Zur Verfügung stehen Variablen für reelle Zahlen, für ganze Zahlen
und für Zeichenketten. Dabei wird die Eigenschaft der Variablen
durch ein an den Namen angefügtes Symbol deklariert.

Beispiele:
*   name   : numerische Variable, reell (z.B. -12.3456)   *
*   name#   : numerische Variable, ganzzahlig   *
*   (Werte zwischen -32768 und +32767 zulässig)   *
*   name$: stringvariable für Zeichenketten   *

Das erste Zeichen einer Variablen muß ein Buchstabe sein, nachfolgend können Buchstaben, Ziffern und die Sonderzeichen ['\]
stehen. Laut 0.14-Handbuch kann eine Variable bis zu 78 Zeichen
umfassen (vgl. Christensen/Wolgast 1984, S.6); andere Versionen
unterscheiden Variablen aber zumindest hinsichtlich der ersten 16
Stellen.

Variablen können COMAL-Wörter enthalten, sie dürfen jedoch nicht
mit COMAL-Wörtern identisch sein.
Diesen Vorteil, z.B. als Variable die Bezeichnung 'wort' benutzen
zu können, obwohl 'or' enthalten ist, erkaufen Sie damit, daß Sie
unbedingt nach jedem COMAL-Wort und nach jeder Variablen mindestens eine Leerstelle eingeben müssen.

Für COMAL sind übrigens 'name' , 'name#' und 'name$' identische
Variablen; das angehängte bzw. fehlende Symbol weist lediglich
aus, welche Art Information hier verwaltet werden soll. Sie dürfen
also nicht wie in der Sprache BASIC jeden Namen mehrfach vergeben.
Da Sie aber mindestens 16 signifikante Stellen zur Verfügung
haben, sollte dies kein Problem darstellen.

3.2 Eingabeanweisungen

COMAL bietet die Möglichkeiten

    INPUT , KEY$, READ , READ FILE ,   INPUT FILE

die das Einlesen über die Tastatur mit bzw. ohne Programmunter-
brechung (INPUT , KEY$) sowie das Lesen von Daten aus Data-Zeilen
im Programm (READ) und schließlich das Lesen von Daten aus Dateien
auf externen Speichern (READ FILE, INPUT FILE) ermöglichen.

Beispiele und Erläuterungen:

1)   INPUT

Folgende Möglichkeiten existieren:

```
*     a) input zahl1                                    *
*     b) input zahl1, zahl2, zahl3                      *
*     c) input zahl1, zahl2, wort$                      *
*     d) input "Kommentar": zahl1, zahl2, wort$         *
*     e) text$ := "Bemerkung"                           *
*        input text$:zahl1, zahl2, wort$                *
```

Bei den aufgeführten Möglichkeiten stoppt das Programm und fordert
per Fragezeichen auf dem Bildschirm
im Fall a) die Eingabe einer Zahl, die der Variablen zahl1 zugeordnet wird.
Im Fall b) werden statt einer Zahl drei Zahlen angefordert. Hier
haben Sie die Möglichkeit, die Zahlen einzeln einzugeben und nach
jeder Zahl RETURN zu drücken; Sie können die drei Zahlen aber auch
in einer Zeile durch Zwischenraum oder Komma getrennt eingeben und
dann nur einmal auf RETURN drücken.
Im Fall c) werden zwei Zahlen und ein String angefordert.

Achtung: Verwenden Sie nur eine Stringvariable in einer INPUT-
Anweisung. Bei der Eingabe können Sie nur mit RETURN, nicht aber
mittels Leerstellen oder Komma trennen, da diese Zeichen als
Elemente des einzugebenden Strings aufgefaßt werden!

Die Fälle d) und e) zeigen die Möglichkeit, anstelle des Frage-
zeichens einen Kommentar auf den Bildschirm schreiben zu lassen.
Streng genommen werden bei den Möglichkeiten d) und e) Ausgabe-
befehl (für den Kommentar) und Eingabebefehl (für die Variablen)
vermischt. Wer diese Vermischung vermeiden will kann den Kommentar
in eine gesonderte PRINT-Anweisung aufnehmen und durch ein
Semikolon einen Zeilenvorschub unterdrücken. In der nächsten Zeile
kann dann die 'reine' INPUT-Anweisung nach dem Muster a) bis c)
stehen.

Beispiel: 100 print "Kommentar ";
            110 input zahl1, zahl2, wort$

Möglichkeit d) bietet den Vorteil, daß Kommentar und Variablenliste untrennbar miteinander verbunden sind. Vertauschungen bei
Programmüberarbeitungen sind ausgeschlossen.

Zusammengefaßt:

Die input-Anweisung hat folgende Struktur:

*   input "Kommentar ": variablenliste, durch Komma   *
*   getrennt   *

Mindestens vorhanden sein muß das Wort INPUT und eine Variable.

2) KEY$

KEY$ wird das erste Zeichen aus dem Tastaturpuffer zugewiesen,
ohne den Programmablauf zu unterbrechen.

Auf diese Weise lassen sich z.B. Warteschleifen realisieren.

Beispiel: 100 repeat
            110 until key$ = "J"

Hier durchläuft das Programm solange die Endlosschleife der Zeilen
100 bis 110, bis die Taste "J" gedrückt wird.

Wird Zeile 110 durch UNTIL KEY$ <> CHR$(0)' ersetzt, so kann die
Schleife mit jeder beliebigen Taste verlassen werden.

3) READ

Mit Hilfe von READ können fortlaufend Daten aus Data-Zeilen
innerhalb des Programmes gelesen und weiterverarbeitet werden.

Beispiel:

```
0100  dim string$ of 6
0110  data 3,5,"7",-13,147,"Walter",2,-99
0120  data "Kurt",1,2,"Beate"
0130  //
0190  repeat
0200    read zahl1,zahl2,string$
0210  until eod
0220  //
```

Erläuterungen:

Wird die Zeile 200 zum ersten Mal abgearbeitet, so liest das
Programm die Daten - beim ersten Element der ersten im Programm
existierenden Datazeile (hier 110) beginnend - und weist sie den
nach READ aufgeführten Variablen zu.
Hier hätte also zahl1 den Wert 3, zahl2 den Wert 5 und string$
enthielte das Symbol (!) 7.
Bei einem weiteren Durchlauf durch Zeile 200 werden die nachfolgenden Daten aus den Datazeilen gelesen, hier -13, 147 und Walter
und den nach READ aufgeführten Variablen zahl1, zahl2 und string$
zugeordnet.
Ist das letzte Element aus den Datazeilen gelesen worden, so hat
die Variable

        EOD   (end-of-data)

den Wert 1 (andernfalls 0) und die Bedingung der Zeile 210 ist
erfüllt.
Mit EOD können Sie also bequem das Erreichen des Endes der im
Programm befindlichen Daten abfragen.

Im Zusammenhang mit READ ist der Befehl

     RESTORE

von Bedeutung. Durch den Befehl RESTORE läßt sich der Datazeiger
wieder auf das erste Element der ersten Datazeile setzen; ein
Programmdatensatz kann also mehrfach genutzt werden.

Zusammenfassung:

Datazeilen und Readanweisung gehören zusammen. Nach DATA und nach
READ müssen einander entsprechende Daten- bzw. Variablenlisten
aufgeführt sein. Jede Liste muß aus mindestens einem Element
bestehen. Durch RESTORE wird der Datazeiger wieder auf den Anfang
der Datenliste gesetzt.

4) READ FILE   bzw. INPUT FILE

Mit beispielsweise der Anweisung

     100 read file 1: name1$, name2$

werden zwei Zeichenketten aus einer Datei gelesen, die sich auf
einem externen Speicher befindet, zu dem ein 'Datentransportweg'
definiert wurde, der mit FILE 1 angesprochen wird. (Siehe Beispiele Teil 5.3)

Soll eine Datei gelesen werden, die von einem BASIC-Programm
erzeugt wurde, so ist READ durch INPUT zu ersetzen:

     200 input file 3: name1$, name2$

3.3 Ausgabeanweisungen

    PRINT   , WRITE FILE   bzw. INPUT FILE

1) PRINT   (Abkürzungsmöglichkeit : ' ; ')

Die Anweisung PRINT läßt sich vielfältig verwenden.

Beispiele für PRINT :

```
* a) 100 print zahl1                                              *
* b) 200 print zahl1; zahl2; sqr(zahl1 ↑ zahl2)                   *
* c) 300 print "1. Zahl"; zahl1; "2. Zahl"; zahl2                 *
* d) 400 zone 10                                                  *
*     410 print "1. Zahl", zahl1, "2.Zahl", zahl2                 *
* e) 500 print tab(15); "Ergebnis : "; tab(40); x                *
* f) 600 print using "Runde: ## ergab den Wert: -#####.##": r, x *
* g) 700 print "Kommentar";                                       *
*     710 input x, y, z                                           *
```

Erläuterungen:

Möglichkeit a) stellt die Anweisung dar, den aktuellen Wert der
numerischen Variablen zahl1 auf den Bildschirm zu drucken.
b) stellt demgegenüber die Anweisung dar, drei Zahlen nebeneinander auf den Schirm zu drucken. Dabei erzeugt das ';' jeweils eine
Leerstelle zwischen den drei Zahlen.
Anweisung c) bewirkt, daß der Kommentar '1. Zahl', anschließend
der aktuelle Wert der Variablen zahl1, dann der zweite Kommentar
und schließlich der Wert der zweiten Variablen in einer Zeile mit
jeweils einer Leerstelle Zwischenraum gedruckt werden.
Beispiel d) stellt die Möglichkeit einer einfachen Formatierung
dar. Durch die Anweisung ZONE 10 wird der Bildschirm (oder die
Druckseite bei der Ausgabe auf dem Drucker) von links beginnend in
Kolonnen der Breite von 10 Zeichen unterteilt. Innerhalb der Kolonnen wird linksbündig gedruckt. Jedes Komma innerhalb der PRINT-
Anweisung bewirkt einen Sprung auf die nächste vordefinierte Ko-
lonne. Eine erneute PRINT-Anweisung bewirkt den Rücksprung auf den
neuen Zeilenanfang.
Fehlt bei der Verwendung von Kommas in einer PRINT-Anweisung eine
Zonenfestlegung, so wird mit dem Ersatzwert ZONE 0 gearbeitet,
d.h., die einzelnen Terme werden ohne Zwischenraum nebeneinander
gedruckt.
Beispiel e) stellt die Tabulatorfunktion dar. Durch TAB(15) wird
bis Position 14 ein evtl. vorhandener Bildschirminhalt gelöscht,
anschließend wird ab Position 15 der angegebene String gedruckt.
Entsprechend wird der aktuelle Wert der Variablen x gedruckt.

Beispiel f) stellt die Möglichkeit dar, eine Zeilendruckmaske zu definieren.

Beim Ausdruck werden die aktuellen Werte der rechts vom Doppelpunkt aufgeführten numerischen Variablen stellenrichtig in die durch '#' und Dezimalpunkt definierten Felder eingefügt, bevor die Gesamtmaske gedruckt wird.

Sind Vorzeichen zu berücksichtigen, so ist ein '-'-Zeichen vor das erste # eines Zahlenfeldes zu setzen.

Beispiel g) stellt die im Abschnitt 3.2 angesprochene Möglichkeit dar, die Eingabe mit einem Kommentar zu versehen und doch Ausgabe- und Eingabeanweisung streng zu trennen.

In Zeile 700 wird der Kommentar gedruckt; das ';' verhindert den anschließenden Zeilenvorschub und erzeugt eine Leerstelle. Durch Zeile 710 wird jetzt (mit Fragezeichen) die Eingabe von drei Zahlen gefordert.

Die hier dargestellten Möglichkeiten gelten unverändert sowohl für die Ausgabe auf dem Bildschirm als auch für die Ausgabe auf dem Drucker; besondere Druckeransteuerungsbefehle sind nicht erforderlich.

Die Ausgabe wird vom Bildschirm auf den Drucker durch den Befehl

```
        select (output) "lp:"        (line-printer)

umgeschaltet;                        ('output' kann entfallen)

        select (output) "ds:"        (data-screen)
```

schaltet auf den Schirm zurück. Vgl. hierzu auch Abschnitt 2.5 .

Zusammengefaßt:

Die PRINT-Anweisung hat folgende Struktur:

```
*         print   Liste von Variablen und/oder Strings;        *
*                 Elemente durch Komma oder Semikolon          *
*                 getrennt.                                     *
```

2) WRITE FILE bzw. PRINT FILE

Mit beispielsweise der Anweisung:

          100 write file 3: name1$, name2$

werden zwei Zeichenketten in eine Datei geschrieben, die sich auf
einem externen Speicher befindet, zu dem ein 'Datentransportweg'
definiert wurde, der jetzt mit FILE 3 angesprochen wird. (Vgl.
Beispiele Teil 5.3).

Soll eine Datei erzeugt werden, die auch von einem BASIC-Programm
gelesen werden kann, so ist WRITE durch PRINT zu ersetzen:

          200 print file 5: name1$, name2$

3.4 Zuweisungen

In der Sprache COMAL hat die Zuweisung folgende Form:

     *   variable := term   *
     *   *

Dabei hat das ':='-Symbol die Bedeutung des Zuweisungspfeiles
'<=='; die obige Formulierung bedeutet also, daß der Computer
zunächst den Term rechts vom symbolischen Zuweisungspfeil ermittelt und den Inhalt anschließend der links genannten Variablen
zuweist. Dabei müssen Term und Variable vom gleichen Typ sein.

Beispiele:

     *   a) zahl1 := 5   b) zahl2 := zahl3   *
     *   c) z := x↑3 + 6*u + 3   d) index := index + 1   *
     *   e) vorname$:= "Alfons"   f) nachname$:= "Justinski" *
     *   g) name$:= vorname$ + nachname$ *
     *   h) f$:= 15   (falsch!)   *

Erläuterungen:

a) Der Variablen zahl1 wird der Wert 5 zugewiesen.
b) Der Variablen zahl2 wird der aktuelle Wert der Variablen
   zahl3 zugewiesen.
c) Der Term rechts vom Zuweisungspfeil wird zunächst berechnet,
   das Ergebnis wird der Variablen z zugewiesen.
d) Der aktuelle Wert der Variablen index wird um eine Einheit
   erhöht; mit diesem erhöhten Wert wird der bisherige Wert
   dieser Variablen überschrieben.
   Für diese Fälle gibt es Kurzformen:
           index: -1   bzw.   index: +6.5
   bewirken eine entsprechende Änderung des unter der Variablen
   index gespeicherten Wertes.
   Dieser Komfort wirkt sich besonders dann aus, wenn man längere,
   selbsterklärende Variablen benutzt.
   " zahl'roter'lokomotiven: +1 " ist kürzer, verständlicher
   und weniger anfällig gegenüber Tippfehlern als :
   " zahl'roter'lokomotiven := zahl'roter'lokomotiven +1   "

Im Beispiel e) wird der Variablen vorname$ die Zeichenkette
"Alfons" zugewiesen, im Beispiel f) der Variablen nachname$ die
Zeichenkette "Justinski".

Im Beispiel g) werden diese beiden Zeichenketten verknüpft; ein
Druckbefehl
           print name$ würde ergeben : AlfonsJustinski

Beispiel h) enthält einen Fehler: Wie Sie sich erinnern, darf
einer Stringvariablen kein numerischer Wert zugewiesen werden.

3.5 Standardfunktionen

Die Version 0.14 der Sprache COMAL enthält eine Reihe sogenannter
Standardfunktionen, die einen numerischen Wert zur Weiterverar-
beitung im Programm zur Verfügung stellen. Die wichtigsten Funktionen sollen hier aufgeführt und - soweit erforderlich - kurz
erläutert werden. Vgl. hierzu auch z.B. Christensen/Wolgast 1984,
S. 50f .

1) Boolesche Funktionen

    EOD   ,   EOF(zahl) ,   ESC

Charakteristisch für diese Funktionen ist, daß sie zwei Zustände
annehmen, den Zustand 0 oder 'falsch' bzw. den Zustand 1 oder
'wahr'.

Erläuterungen:

a) EOD   (end-of-data)
EOD erhält den Wert 1, wenn aus den DATA-Zeilen eines Programmes
das letzte Datum gelesen wurde; andernfalls hat EOD den Wert 0.

b) EOF( )   (end-of-file)
EOF(3) erhält beispielsweise dann den Wert 1, wenn beim Lesen von
Daten über FILE 3 aus einem externen Speicher das letzte Datum der
mit diesem FILE angesprochenen Datei erreicht ist; andernfalls hat
EOF(3) den Wert 0 .

c) ESC
Die Funktion ESC ist dann von Bedeutung, wenn Sie die Möglichkeit
schaffen wollen, ein Programm durch Druck auf die CTRL + STOP -
Taste (beim cbm 8296) nicht nur einfach unterbrechen zu können,
sondern hierdurch eine vorher festgelegte Abbruchverarbeitung
durchführen zu lassen oder die Meldung
        end at: ......
zu unterdrücken, weil z.B. sonst eine Graphik beeinträchtigt
würde.

In diesem Fall müssen Sie vorher die normale Wirkung der CTRL +
STOP - Taste durch die Anweisung
       trap esc-
ausschalten.

Beispiel: 100 trap esc-
                       110 repeat
                       120 until esc=1
                       130 trap esc+

In Zeile 100 wird die normale Funktion der CTRL+STOP - Taste
ausgeschaltet. Die Zeilen 110 und 120 bilden jetzt eine
Endlosschleife, die nach Druck auf CTRL+STOP verlassen wird. In
Zeile 130 wird der Normalzustand wieder hergestellt.
(Vgl. auch Programm 'Graphen poken', Abschnitt 5.2) .

2) Funktionen mit numerischen Argumenten (ohne trigon.Fkt)

ABS( ), EXP( ), INT( ), LOG( ), RND( ), RND(,), SGN( ), SQR( )

Erläuterungen:

a) ABS(argument)
ABS( ) ermittelt den Betrag einer beliebigen Zahl. So ergibt z.B.
ABS(-9.36) den Wert 9.36 ; ABS(4.2) ergibt den Wert 4.2 .

b) EXP(argument)
EXP( ) faßt das angegebene Argument als Exponent auf und ermittelt
den Potenzwert des gegebenen Argumentes zur Basis e = 2.7182818...
(e = Eulersche Zahl).
So ergibt z.B. EXP(4) den Wert 54.5981501 .

c) INT(argument)
INT( ) ermittelt die größte derjenigen ganzen Zahlen, die gleich
oder kleiner sind als das genannte Argument. So ist z.B. INT(9)
gleich 9, INT(9.7) gleich 9, INT(-3.1) gleich -4 (!) .

d) LOG(argument)
LOG( ) ermittelt den natürlichen Logarithmus (Logarithmus zur
Basis e) des gegebenen Argumentes. So ergibt z.B. LOG(45) den Wert
3.80666249 .

e) RND(argument)
RND( ) stellt Zufallszahlen zur Verfügung.
Dabei ergibt RND(zahl) für 'zahl' größer gleich Null Zufallszahlen
im Intervall größer 0 bis einschließlich 1. Der Wert des Argumentes ist dabei bedeutungslos.
Für negative Argumente liefert die Funktion RND( ) stets den gleichen Wert; vgl. Zufallszahlen am Ende des Abschnittes 5.

f) RND(argument1, argument2)

RND(links, rechts) erzeugt ganzzahlige Zufallszahlen im angegebenen Intervall einschließlich beider Grenzen. Vgl. Zufallszahlen
Ende Abschnitt 5.

g) SGN(argument)

SGN( ) ermittelt das Vorzeichen des gegebenen Arguments. Die
Funktion nimmt den Wert +1 bei positiven Argumenten, den Wert -1
bei negativen Argumenten und den Wert 0 beim Argument 0 an.

h) SQR(argument)

SQR( ) ermittelt die Quadratwurzel des gegebenen Arguments. So
ergibt z.B. SQR(8) den Wert 2.82842713 .

3) Trigonometrische Funktionen

        SIN( ) , COS( ) , TAN( ) ,   ATN( )

Die trigonometrischen Funktionen SIN( ), COS( ), TAN( ) und ATN( )
 - arcustangens - ermitteln die bezeichneten Werte jeweils im
Bogenmaß. So ergibt z.B. SIN(1) den Wert 0.841470985 .

Für die aufgeführten Funktionen gilt, daß sie den normalen Regeln
der Mathematik unterliegen. So läßt sich z.B. die Quadratwurzel
eines negativen Arguments nicht ermitteln. Weiterhin hängt die
Exaktheit des ermittelten Funktionswertes von der Rechengenauig-
keit des verwendeten Computers ab.

Die Funktionen können geschachtelt werden.

So ergibt etwa die Anweisung

        print sin(sqr(sqr(abs(-2.8↑3))))

das Ergebnis : 0.828843918 .

4) Funktionen zur Zeichenkettenbehandlung

      CHR$(argument) , LEN(string$) , ORD(string$)

a)   CHR$(argument)
CHR$( ) bildet das Symbol, das im ASCII-Code dem angegebenen
Argument entspricht.
So bewirken die Anweisungen

```
        100 print chr$(34)
        110 print chr$(65)
        120 print chr$(147)
```

den Ausdruck eines " -Zeichens durch die Anweisung 100 sowie den
Ausdruck eines 'a' durch die Anweisung der Zeile 110. Diese Sym-
bole werden Sie jedoch leider kaum erkennen können, da durch die
Anweisung der Zeile 120 der Bildschirm gelöscht wird!

b)   LEN(string$)
LEN( ) ermittelt die Länge der in der Klammer (in Anführungsstri-
chen) angegebenen Zeichenkette oder der dort aufgeführten Stringvariablen.

Beispiel:

```
        100 dim a$ of 10
        110 a$ := "Walter"
        120 print len(a$)           ergibt den Wert 6
```

c)   ORD(string$)
ORD( ) stellt die Umkehrung der CHR$( )-Funktion dar. Die Funktion
ORD( ) ermittelt die dem ASCII-Code entsprechende Zahl des von
links gesehen ersten Zeichens der angegebenen Zeichenkette bzw.
des aktuellen Inhaltes der dort angegebenen Stringvariablen.

```
        100 print ord("zu")         ergibt den Wert 90
```

Die letztgenannten Funktionen werden insbesondere bei der Dateiverwaltung benötigt. Vgl. daher auch Beispiel 'Sortieren in der
Zentraleinheit' des Abschnittes 5.3.

5) Weitere Funktionen und Anweisungen

  KEY$, PEEK(Speicherstelle) , POKE Speicherstelle, Zahl

a) KEY$
KEY$ wird das erste Zeichen aus dem Tastaturpuffer zugewiesen;
vgl. Abschnitt 3.2.

b) PEEK(Speicherstelle)
Mit PEEK( ) können Sie den Inhalt der in der Klammer angegebenen
Speicherstelle als Dezimalzahl ermitteln und weiterverarbeiten
lassen. (Vgl. Hierzu Beispiel 'Daten ausgeben' des Abschnittes
5.3) .

c) POKE Speicherstelle, Zahl
Mit der Anweisung POKE speicherstelle, zahl schreiben Sie in die
bezeichnete Speicherstelle den mit der Zahl angegebenen Wert. Vgl.
hierzu Beispiel 'Graphen poken' Teil 5.2 .

3.6 Verknüpfungs-, Vergleichs- und logische Operatoren

1) COMAL umfaßt folgende Verknüpfungsoperatoren:

Symbol	Bedeutung	Beispiele	
* +	Addition	3+5 , a+b , :+1	*
* −	Subtraktion	4-6 , c-d , :-5	*
* *	Multiplikation	3*(x+5) , 4*b	*
* /	Division	3/10 , a/b , x/sqr(c)	*
* ↑	Potenzierung	3↑5 , a↑b , 16↑0.25	*
* DIV	Ganzzahldivision	7 div 2 , a div b	*
*		(7 div 2 ergibt 3)	*
* MOD	Rest der Ganzzahl-		*
*	division	7 mod 2 , a mod b	*
*		(7 mod 2 ergibt 1)	*

Der Operator + läßt sich auch auf Zeichenketten anwenden, vgl.
Abschnitte 3.3 und 3.7 .

2) Als Vergleichsoperatoren für numerische oder String-Terme
stehen zur Verfügung:

```
     Symbol      Bedeutung                   Beispiele

*    <           kleiner als                 x < y ,  a$ < b$           *
*    >           größer als                  x > y ,  a$ > b$           *
*    =           Identität                   x = y ,  a$ = b$           *
*    <=          kleiner oder gleich         x <= y , a$ <= b$          *
*    >=          größer oder gleich          x >= y , a$ >= b$          *
*    <>          ungleich                    x <> y , a$ <> b$          *
```

Ein Vergleich numerischer Terme erfolgt entsprechend der Anordnung
der Zahlen auf der Zahlengeraden,

```
        -----+-----+-----+-----+-----+-----+-----+-----
            -3    -2    -1    0    1    2    3
```

wobei eine weiter rechts stehende Zahl als 'größer' angesehen
wird.

Beim Vergleich von Strings wird von links beginnend die interne
Codierung der Symbole berücksichtigt. Das führt dazu, daß beim
Vergleich der Strings 'Äneas' und 'zerberus' der String 'zerberus'
als kleiner aufgefaßt wird, da das 'Ä' mit 219 und das 'z' mit 90
codiert ist.

Ein kurzes Beispielprogramm soll dies zeigen.
```
        100 dim wort1$ of 80, wort2$ of 80
        110 input wort1$
        120 input wort2$
        130 if wort1$ < wort2$ then
        140   print wort1$; "kleiner "; wort2$
        150 else
        160   print wort2$; "kleiner "; wort1$
        170 endif
```
Die Ergebnisse bezüglich einiger Teststrings sahen wie folgt aus:
```
    zerberus kleiner Äneas
    Anita kleiner Antonia
    wolfgang kleiner Wolfgang
```

Wenn Strings mit Klein- und Großbuchstaben sowie Umlauten lexikalisch korrekt sortiert werden sollen, ist die interne Codierung zu
berücksichtigen. Ein Lösungsvorschlag wird im Abschnitt 5.3 im
Rahmen des Beispieles 'Sortieren in der Zentraleinheit' gegeben.

3) Logische Operatoren
Als logische oder Boolesche Operatoren stehen zur Verfügung:

```
     Symbol     Bedeutung              Beispiele
 *                                                              *

 *   AND        logisches 'und'        if (a>0 and b=3) then    *
 *   OR         logisches 'oder'       until zaehler = 3 or x > 2 *
 *   NOT        logisches 'nicht'      while not eod do         *
 *   IN         'enthalten in'         if b$ in a$  then ...    *
                                       (Stringvergleich)
```

Erläuterungen:

a) Zu AND: Falls a größer 0 ist und gleichzeitig b = 3 ist, dann
....

b) Zu OR : .. bis entweder der Wert des Zählers = 3 ist oder x
größer 2 ist oder auch beide Bedingungen gleichzeitig erfüllt
sind.

c) Zu NOT: ... solange nicht das Ende der Datazeilen erreicht ist
tue ...

d) Zu IN : .. falls b$ in a$ enthalten ist, dann ...

Der Operator IN bezieht sich auf Stringvergleiche. Mit IN läßt
sich prüfen, ob ein String Teil eines anderen Strings ist und ab
welcher Stelle dieser Teilstring erstmals in dem anderen String
enthalten ist

Beispiel:

```
    0100 dim schluessel$ of 16, eingabe$ of 1
    0110 schluessel$:="123456789abcdef"
    0120 input "Umzuwandelndes Symbol ": eingabe$
    0130 print eingabe$ in schluessel$
```

Nach Eingabe des Buchstabens 'f' wird die Zahl 15 ausgedruckt; die
Eingabe eines nicht im Schlüsselstring enthaltenen Symbols bewirkt
die Ausgabe der Zahl 0 .

Im Rahmen der logischen Funktionen wird jede Zahl ungleich Null
als logisch wahr aufgefaßt. Die Null wird als logisch falsch
interpretiert.

Damit ist z.B. die Formulierung ' if a and b then ... ' sinnvoll,
wenn auch vielleicht nicht sofort einsichtig. Man kann diese Zeile
wie folgt übersetzen:

falls a und b gleichzeitig einen Wert ungleich Null haben,
dann ....

Ein kleines Testprogramm soll dies nachweisen:

```
0100 input a
0110 input b
0120 if a and b then
0130    print a;" and ";b;" = logisch wahr"
0140 else
0150    print a;" and ";b;" = logisch falsch"
0160 endif
```

Testergebnisse:

```
-15  and   -2  = logisch wahr
-5   and   2   = logisch wahr
2    and   10  = logisch wahr
0    and   2   = logisch falsch
0    and   0   = logisch falsch
```

Entsprechend läßt sich die Zeile 'if a or b then ...' übersetzen:

falls a oder b oder beide einen Wert ungleich Null haben,
dann ....

Die Funktion NOT kehrt einen logischen Wert in das Gegenteil um.

Bei den aufgeführten Booleschen Funktionen gilt die Rangfolge:

NOT   vor   AND   vor   OR

d.h. der Term   ((NOT a) AND b) OR c   kann auch ohne jede
Klammer geschrieben werden.

3.7 Stringdarstellung und -bearbeitung.

Strings werden in der Sprache COMAL ähnlich einem eindimensionalen
Feld (Liste) behandelt.
Die Zuweisung: satz\$:= "Waldi von der Hochmoorbirke" bewirkt,
daß die Symbolfolge

W	a	l	d	i		v	o	n		d	e	r		H	o	c	h	m	o	..
1	2	3	4	5	6	7	8	9	10	11	12	13	14	15	16	17	18	19	20	..

linksbündig in den symbolisch dargestellten Bereich unter dem
Etikett 'satz\$' eingetragen wird.

Voraussetzung:
Die Feldlänge muß vorher definiert werden, z.B. durch
        dim satz\$ of 30
(Nach dieser Dimensionierung ist der String leer und hat die
Stellenzahl 0. Falls Sie jetzt einzelne Symbole des Strings
ausdrucken lassen wollen, erhalten Sie die Fehlermeldung:
substring error).

Nach erfolgter Dimensionierung können die 27 Symbole des Namens
eingetragen und anschließend mit Hilfe des unter dem Speicherbereich angedeuteten Index einzeln aufgerufen werden.

Die Anweisung   PRINT satz\$(9)   würde den Ausdruck des Buch-
stabens 'n' bewirken. PRINT satz\$(30) würde eine Fehlermeldung
bewirken, da an dieser Stelle nichts eingetragen wurde; LEN(satz\$)
beträgt nur 27 .

Wäre für die Variable satz$ ein Feld von nur 20 Elementen defi-
niert worden, so würde das System beim Eintragen die letzten 7
Symbole unberücksichtigt lassen; sie entfallen, ohne daß das
System eine Fehlermeldung ausgibt.

Diese Art der Stringbehandlung bietet den Vorteil, Zeichenketten
gezielt Stelle für Stelle verändern zu können.

    Beispiele: Bedeutung:

* satz$(7):= "z"   an Position 7 von satz$ wird *
*   ein 'z' gesetzt   *
* satz$(2:9):= "**********"   von Position 2 bis zur   *
*   Position 9 werden '*'   *
*   eingetragen   *
* satz$(3:14) := b$ die Zeichenkette b$ wird   *
*   in satz$ eingefügt und zwar *
*   von Position 3 bis 14   *
* satz$(c:c+3):= "123"   ab einer variablen Position *
*   c bis zur Position c + 3   *
*   wird eine Symbolfolge '123' *
*   in den String satz$ eingefügt *

Mit b$:= "ABCDEFGHIJKLMN" und c = 11 sollen die dargestellten
Operationen ausgeführt werden.

In der Reihenfolge der oben beschriebenen Operationen ergaben sich
folgende Veränderungen:

    Waldi von der Hochmoorbirke
    Waldi zon der Hochmoorbirke
    W******* der Hochmoorbirke
    W*ABCDEFGHIJKLHochmoorbirke
    W*ABCDEFGH123 Hochmoorbirke

Weiterhin lassen sich Teilstrings leicht herausgreifen:
Die Anweisung   PRINT a$(15:18)   würde den Teilstring 'Hoch'
ausdrucken lassen. Als Indizes können auch Variablen eingesetzt
werden - vgl. Beispiel 'Stringdreieck' des Abschnittes 5.2.

4 Erweiterung der Grundelemente

Zusätzlich zu den bisher anhand einzelner Beispiele erläuterten
Grundelementen bietet COMAL die Möglichkeit, mehrere Variable
zusammenzufassen und diese dann unter einem gemeinsamen Namen anzusprechen.

4.1 Felder

Unter einem Feld wird die Zusammenfassung mehrerer Variablen unter
einem gemeinsamen Namen verstanden. Die Feldelemente werden durch
Indizes in ihrer Stellung im Feld eindeutig bezeichnet.

Formale Beispiele:

Eindimensionales Feld   (Liste; Vektor):
```
-------------------------------------------
   A(1)   A(2)   A(3)   A(4)   A(5)   A(6)
-------------------------------------------
```

Zweidimensionales Feld (Matrix):

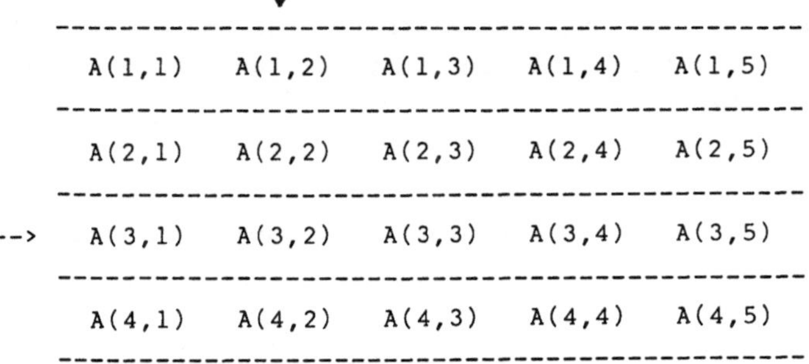

```
        ↓
-------------------------------------------------
   A(1,1)   A(1,2)   A(1,3)   A(1,4)   A(1,5)
-------------------------------------------------
   A(2,1)   A(2,2)   A(2,3)   A(2,4)   A(2,5)
-------------------------------------------------
-->   A(3,1)   A(3,2)   A(3,3)   A(3,4)   A(3,5)
-------------------------------------------------
   A(4,1)   A(4,2)   A(4,3)   A(4,4)   A(4,5)
-------------------------------------------------
```

Die Elemente eines Feldes können mit Hilfe der Indizes eindeutig
angesprochen werden; mit A(3,2) wäre z.B. das Element dieser
4-zeiligen und 5-spaltigen Matrix angesprochen, das auf der ge-
dachten Schnittstelle der 3. Zeile mit der 2. Spalte liegt. (Siehe
Pfeile) .
Jedes Feld muß dimensioniert werden, bevor es erstmals angesprochen werden kann. Eine wiederholte Dimensionierung eines
Feldes innerhalb eines Programmes ist nicht zulässig.

Die Dimensionierung erfolgt unter Berücksichtigung der Indizes;
dabei gestattet COMAL, die Indizes in beliebigen Grenzen zu
wählen.

Beispiele:

```
100 dim liste'1(-3:18)
110 dim liste'2(20)
120 dim matrix(-5:10,2:5,0:3)
130 dim stringfeld$(1:20,1:5) of 20
```

Hierbei werden der linksbündige und der rechtsbündige Index einer
Dimension durch einen Doppelpunkt getrennt angegeben; die verschiedenen Dimensionen eines Feldes werden voneinander durch Komma
getrennt. Durch die oben aufgeführten Beispielanweisungen werden
folgende 4 Felder dimensioniert:

Feld 1 mit Namen liste'1 ist ein eindimensionales numerisches
Feld, wobei der Index der Feldelemente von -3 über 0 bis +18
läuft; Feld 2 mit Namen liste'2 ist ebenfalls numerisch, ein-
dimensional und enthält 20 Elemente mit den Indizes von 1 bis 20
(falls der linke Index gleich 1 ist, kann diese Angabe entfallen),
Feld 3 mit Namen matrix ist numerisch und dreidimensional und das
Feld 4 mit Namen stringfeld$ ist zweidimensional und umfaßt 100
Elemente, wobei jeder String bis zu 20 Symbole aufnehmen kann;
vgl. hierzu auch Abschnitt 3.7 .

Dimensionierungen können auch dynamisch, d.h. während des Programmablaufes erfolgen. Durch die Dimensionierung werden numerische Felder mit '0' aufgefüllt.

Beispiel:

```
0100 print "Matrix-Dimensionierung"
0110 //
0120 input "Zeilenzahl  = ": z
0130 input "Spaltenzahl = ": sp
0140 //
0150 dim matrix(z,sp)
```

Wie bei den Dimensionierungs-Beispielen bereits angedeutet, sind
mehr als zwei Dimensionen möglich.

Beispiel für eine 5-dimensionale Matrix :

```
0100 // 5-dim-Matrix
0110 dim matrix(3,2,-1:1,3,2)
0120 // Einlesen der Matrix
0130 for d1:=1 to 3 do
0140   for d2:=1 to 2 do
0150     for d3:=-1 to 1 do
0160       for d4:=1 to 3 do
0170         for d5:=1 to 2 do
0180           input matrix(d1,d2,d3,d4,d5)
0190         endfor d5
0200       endfor d4
0210     endfor d3
0220   endfor d2
0230 endfor d1
0240 // Erstes und letztes Element drucken
0250 print matrix(1,1,-1,1,1)
0260 print matrix(3,2,1,3,2)
0270 // Element über errechneten Index ausdrucken
0280 a:=5; b:=2
0290 print matrix(3,2,0,(sqr(a*b-1)-2),2)
```

Nach RUN und Eingabe der natürlichen Zahlen (1, 2, ...) werden
durch die Anweisungen 250, 260 und 290 folgende Werte ausgedruckt:

```
    1
  108
   98
```

4.2 Unterprogramme

Im Abschnitt 2.2 wurden Unterprogramme als eine Möglichkeit angesprochen, mehrfach verwendbare Programmteile auszulagern und Programme einfacher verfeinern zu können.
Diese Überlegung soll hier weiter ausgeführt werden und den Über-
gang zum Gebiet der Funktionen und Prozeduren mit Parametern
bilden.
Da es sich hier um etwas kompliziertere Zusammenhänge handelt,
soll in kleinen Schritten vorgegangen werden.

Zunächst also zurück zu den Unterprogrammen.

Angenommen, Sie möchten innerhalb eines Beispielprogrammes, in dem
der Wert der numerischen Variablen x manipuliert wird, an mehreren
Stellen zu Kontrollzwecken die Nachkommastellen des aktuellen
Wertes der Variablen x (für x > 0) auf den Schirm drucken lassen.
Das Gesamtprogramm könnte folgendermaßen aussehen, wobei die
Symbole '//' die Stellen markieren sollen, an denen Sie den
Nachkommateil ausdrucken lassen wollen.

Beispiel:

```
0100  // Nachkommateil
0110  input "Zahl größer Null : ": x
0120  print x
0130  //
0140  x:=4*x
0150  //
0160  x:=sqr(x)
0170  //
0180  x:=x↑.4
0190  //
0200  x:=exp(x)
0210  //
0220  print x
```

An den mit '//' bezeichneten Stellen müßten Sie jetzt z.B.
folgende Routine einfügen:

```
nachkomma := x - (x div 1)
print "N-K-T : "; nachkomma
```

Das würde bedeuten, daß Sie 10 Zeilen zu schreiben hätten - etwas
kürzer ist es, wenn Sie die beiden Zeilen einmal schreiben, als
Unterprogramm an das Programm anfügen und von den mit '//' bezeichneten Stellen aus dieses durch PROC ... ENDPROC geklammerte
Unterprogramm jeweils aufrufen.

Das Gesamtprogramm würde dann wie folgt aussehen - wenn Sie genau
zählen, wird lediglich eine Zeile gespart! Aber es soll ja auch
nur ein Beispiel sein.

```
0100 // Nachkommateil
0110 input "Zahl größer Null : ": x
0120 print x                             7.123
0130 nachkommateil
0140 x:=4*x                              N-K-T : .122999998
0150 nachkommateil
0160 x:=sqr(x)                           N-K-T : .491999991
0170 nachkommateil
0180 x:=x↑.4                             N-K-T : .337789804
0190 nachkommateil
0200 x:=exp(x)                           N-K-T : .954090112
0210 nachkommateil
0220 print x                             N-K-T : .0574945696
0230 //
0240 proc nachkommateil                  7.05749457
0250    nachkomma:=x-(x div 1)
0260    print "N-K-T : ";nachkomma
0270 endproc nachkommateil
```

Falls Sie dieses Programm testen wollen: Für einen eingegebenen Wert von 7.123 lieferte das Programm die oben notierten Ergebnisse.

Nehmen wir einmal weiterhin an, Ihnen gefällt dieses (oder ein anderes) Unterprogramm so gut, daß Sie es gern in einem anderen Programm verwenden möchten, z. B. in den Programmen I und II :

I   II

```
0100 // Programm I                 0100 // Programm II
0110 y:=5                          0110 x:=7.123
0120 print y                       0120 print x
0130 //                            0130 //
0140 nachkommateil                 0140 nachkommateil
0150 //                            0150 //
0160 y:=abs(sin(x))                0160 y:=sqr(x)
0170 //                            0170 //
0180 nachkommateil                 0180 nachkommateil
0190 //                            0190 //
0200 z:=10*y+3                     0200 z:=exp(y)
0210 //                            0210 //
0220 nachkommateil                 0220 nachkommateil
0230 //                            0230 //
0240 proc nachkommateil            0240 proc nachkommateil
0250    nachkomma:=x-(x div 1)     0250    nachkomma:=x-(x div 1)
0260    print "N-K-T : ";nachkomma 0260    print "N-K-T : ";nachkomma
0270 endproc nachkommateil         0270 endproc nachkommateil
```

Wenn Sie diese Programme mit run starten, erhalten Sie beim Programm I die Fehlermeldung :   at 250: unknown variable .

Beim Programm II erhalten Sie folgenden Ergebnisausdruck:

```
        7.123
        N-K-T :  .122999998
        N-K-T :  .122999998
        N-K-T :  .122999998
```

Die Ursachen sind leicht zu finden: Im Programm I taucht die
Variable x im Hauptprogramm überhaupt nicht auf, das Unterprogramm
kann sie daher nicht verarbeiten.
Durch Programm II wird dreimal der gleiche Wert ausgedruckt, weil
sich das Unterprogramm nur auf die Variable x bezieht und den
Nachkommateil anderer Variabler nicht ermitteln kann. Wenn Sie
erreichen wollen, daß dieses Unterprogramm auch bezüglich anderer
numerischer Variabler einsetzbar ist, gibt es folgende Möglichkeit:

1. Sie formulieren Ihr Unterprogramm weder für x, noch für y noch
für z sondern bewußt ganz allgemein, z.B. bezüglich der numerischen Variablen 'hilfsstelle'.

2. In jedem Programm, in dem Sie dieses Unterprogramm nutzen
wollen, speichern Sie vor jedem Aufruf des Unterprogrammes die
aktuelle Variable , deren Nachkommateil Sie ausgedruckt haben
wollen, auf die Speicherstelle 'hilfsstelle' um und rufen dann
erst das Unterprogramm auf.

Formulieren wir das Programm II einmal entsprechend um:

```
0100 // Programm II - Hilfsvariable
0110 x:=7.123
0120 print x                        Ergebnisse:
0130 hilfsstelle:=x
0140 nachkommateil
0150 //                             7.123
0160 y:=sqr(x)
0170 hilfsstelle:=y                 N-K-T :  .122999998
0180 nachkommateil
0190 //                             N-K-T :  .668894902
0200 z:=exp(y)                      N-K-T :  .424020421
0210 hilfsstelle:=z
0220 nachkommateil
0230 //
0240 proc nachkommateil
0250    nachkomma:=hilfsstelle-(hilfsstelle div 1)
0260    print "N-K-T : ";nachkomma
0270 endproc nachkommateil
```

Das eingefügte Ergebnis zeigt, daß es funktioniert. Durch die
Verwendung spezieller Variabler (Parameter) läßt sich dieses
Verfahren sehr vereinfachen.

4.3 Funktionen und Prozeduren mit Parametern

Der im obigen Beispiel in den Zeilen 130, 170 und 210 jeweils neu
beschriebene Informationstransport von der aktuellen Variablen x
(bzw. y und z) zur Variablen hilfsstelle, deren Inhalt allein von
der Prozedur verarbeitet werden kann, läßt sich automatisieren,
indem man die aktuellen Variablen an den Aufruf des Unterprogramms
anfügt und entsprechend die Hilfsvariable an die Kopfzeile des
Unterprogramms anfügt.

Die Zeilen 140 und 240 sehen nun wie folgt aus:

```
140 nachkommateil(x) ──────┐
                            ↓
240 proc nachkommateil(hilfsstelle)
```

Die Informationsübertragung geschieht jetzt automatisch
entsprechend dem eingezeichneten Pfeil.
Derart eingesetzte Variable werden als 'Parameter' bezeichnet; die
aktuelle Variable in der aufrufenden Zeile wird als 'aktueller
Parameter', die Hilfsvariable im Unterprogrammkopf wird als
'formaler Parameter' bezeichnet.

Programm II erhält nunmehr folgende Gestalt:

```
0100 // Programm II - Parameter
0110 x:=7.123
0120 print x
0130 //
0140 nachkommateil(x)
0150 //
0160 y:=sqr(x)
0170 //
0180 nachkommateil(y)
0190 //
0200 z:=exp(y)
0210 //
0220 nachkommateil(z)
0230 //
0240 proc nachkommateil(hilfsstelle)
0250    nachkomma:=hilfsstelle-(hilfsstelle div 1)
0260    print "N-K-T : ";nachkomma
0270 endproc nachkommateil
```

Nach run ergibt sich folgender Ausdruck:
       7.122
       N-K-T : .122999998
       N-K-T : .668894902
       N-K-T : .424020421

Wie Sie sehen, lassen sich mit Hilfe der Parameter Werte vom
Hauptprogramm zum Unterprogramm genau so gut übertragen, wie im
vorigen Beispiel 'per Einzelanweisung'.
Das Unterprogramm wird vom Hauptprogramm aus einfach mit der
gerade gewünschten aktuellen Variablen als Parameter aufgerufen;
die Informationsübertragung zum Parameter des Unterprogramms
geschieht dabei automatisch.

Zusammenfassung:

Mit Hilfe der Technik, an den Aufruf eines Unterprogrammes die
aktuelle Variable als aktuellen Parameter anzuhängen und den
Unterprogrammkopf entsprechend mit einem formalen Parameter zu
ergänzen, lassen sich allgemein verwendbare Unterprogramme
schreiben.
Der Informationsaustausch erfolgt dabei vom aktuellen zum formalen
Parameter, der die Bedeutung der Hilfsvariablen 'hilfsstelle' des
früheren Vorgehens 'per Einzelanweisung' übernimmt.
Konkreter formuliert bedeutet dies, daß bei jedem Aufruf des Unterprogrammes eine Kopie der aktuellen Werte erstellt und unter
dem Parameter des Unterprogrammes gespeichert und bearbeitet wird.
Das kostet allerdings Speicherplatz und Zeit.

Statt nur eines Parameters lassen sich auch mehrere Parameter
verwenden; vgl. hierzu Beispiele Teil 5.3. Derartige, mit
Parametern versehene Unterprogramme werden mit PROZEDUR bzw.
FUNKTION bezeichnet.

4.4 Anwendungsmöglichkeiten von Prozeduren und Funktionen

Prozeduren und Funktionen stellen ausgelagerte Programmteile dar.
Sie haben daher eine Reihe gemeinsamer Eigenschaften, die zunächst
behandelt werden sollen. Auf den Unterschied wird später eingegan-
gen.

In diesem Abschnitt 4.4 werden hauptsächlich Fragen der Informationsübertragung im Rahmen von Prozeduren und Funktionen zwischen Haupt- und Unterprogramm angesprochen. Diese 4 Begriffe werden daher ständig benutzt - aus Platzgründen soll hier für 'Prozedur bzw. Funktion' die Abkürzung 'P/F', für 'Hauptprogramm' 'HP' und für 'Unterprogramm' 'UP' verwandt werden.

4.4.1 Lokale und globale Variable

Für den Einsatz von P/F ist es wichtig, exakt zu wissen, welchen Geltungsbereich die UP-Variablen haben - sind sie nur in der P/F verfügbar (lokal) oder sind sie nach Ausführung der P/F auch im HP verfügbar (globale Variable) ?

Prüfen wir dies anhand des letzten Beispieles, indem wir die Zeile
        230 print nachkomma   in das HP einfügen.

Nach RUN ergibt sich folgender Ausdruck:
        7.123
        N-K-T : .122999998
        N-K-T : .668894902
        N-K-T : .424020421
        .424020421

Nur in der P/F wird der Kommentar 'N-K-T :' gedruckt; Sie sehen also, daß die im UP aufgeführten Variablen anschließend auch im HP verfügbar sind.

Also gilt:

  *** Variablen in P/F sind grundsätzlich global ***

Wie sieht es aber mit den Parametern, den Hilfsvariablen im P/F - Kopf aus ? Zur Prüfung fügen wir in das HP folgende Zeile ein:
        210 print hilfsstelle

Nach RUN meldet der Computer: at 0210: unknown variable

Wir können also festhalten:

  *** Die Parameter eines P/F-Kopfes sind stets lokal ***

Da die Variablen einer P/F (von den Parametern im P/F-Kopf
abgesehen) grundsätzlich global sind, kann das dazu führen, daß
man in der P/F unbeabsichtigt die aktuellen Werte von Variablen
des HP verändert, falls man im UP versehentlich Variable ver-
wendet, die auch im HP vorkommen.
Hier bietet COMAL die Möglichkeit, sämtliche Variable der P/F zu
lokalen Variablen zu erklären, indem an die Parameterliste der P/F
der Zusatz ' CLOSED ' angehängt wird.
Ändern Sie die Zeile 240 in

        240 proc nachkommateil(hilfsstelle) closed   ,
so können Sie an keiner Stelle des HP die Variable nachkomma ansprechen.

Damit gilt:

  **   Die Variablen einer mit dem Zusatz CLOSED versehenen P/F   **
  **   sind sämtlich lokal und wirken nicht auf das HP zurück.   **

Eine P/F mit den Zusatz CLOSED muß wie ein eigenständiges Programm
gesehen werden. Die Folge davon ist, daß nun die Variablen im UP
dimensioniert werden müssen; die Vereinbarungen des HP können sich
nicht mehr auf das UP auswirken.
Einzige Ausnahme: Die Parameter im P/F-Kopf werden in keinem Fall
dimensioniert. Sie erhalten automatisch die gleiche Dimension wie
die aufrufende aktuelle Variable im HP.

4.4.2 Unterprogramme als selbstdefinierte Funktionen

Eine Standardfunktion, z.B. SQR(x), ermittelt einen Wert und
stellt ihn im Rahmen des Hauptprogrammes zur Verfügung. Im Rahmen
der bislang behandelten Prozeduren stehen die im UP ermittelten
Informationen grundsätzlich nur in der Prozedur selbst zur Verfügung. Will man diese Informationen auch im HP direkt nutzen, muß
man selbst den 'Rücktransport' der Information ins HP organisieren, etwa indem man gezielt globale Variable des UP anspricht.
Demgegenüber gibt eine selbstdefinierte Funktion den ermittelten
Wert selbständig an das HP zurück; der Anwender legt den zurück-
zugebenden Wert mit Hilfe des Wortes RETURN fest, das im Anwei-
sungsblock jeder Funktion mindestens einmal vorkommen muß.

Allerdings kann eine Funktion wie die Standardfunktionen auch
stets nur einen einzigen Wert an das HP zurückgeben.
Da im Rahmen der bisher behandelten Prozedur 'nachkommateil' nur
ein einziger numerischer Wert ermittelt wird, läßt sie sich in
eine Funktion umwandeln.
Hierzu bedarf es lediglich folgender Änderungen:
Aus PROC wird FUNC ; weiterhin wird mit RETURN (Zeile 260) der
bisher im UP'selbst ausgedruckte Wert an das HP zurückgegeben und
kann dort direkt z.B. mit

          180 print nachkommateil(y)
genutzt werden.

Die eigendefinierte Funktion kann also im HP genau so genutzt
werden wie eine Standardfunktion.

```
0100 // Programm II - Funktion
0110 x:=7.123
0120 print x
0130 //
0140 print nachkommateil(x)
0150 //
0160 y:=sqr(x)
0170 //
0180 print nachkommateil(y)
0190 //
0200 z:=exp(y)
0210 //
0220 print nachkommateil(z)
0230 //
0240 func nachkommateil(hilfsstelle)
0250    nachkomma:=hilfsstelle-(hilfsstelle div 1)
0260    return nachkomma
0270 endfunc nachkommateil
```

Übrigens: Ist eine P/F durch RUN erst einmal abgearbeitet worden, so können Sie diese P/F auch außerhalb des Programmes im
Direktmodus verwenden. Geben Sie ohne Zeilennummer die Anweisung :

          print nachkommateil(11.123)

so druckt der Computer   .123   aus!

Auf diese Weise können Sie den existierenden Befehlsvorrat selbst
ergänzen.

Zusammenfassung:

Prozeduren bzw. Funktionen weisen grundsätzlich folgende Form auf:

```
*       proc name (parameterliste) (closed)   *
*                                             *
*               Anweisungsteil                *
*                 der Prozedur                *
*                                             *
*                                             *
*                                             *
*       endproc                               *


*       func name (parameterliste) (closed)   *
*                                             *
*               Anweisungsteil der            *
*                   Funktion                  *
*               Die Anweisung RETURN          *
*               muß mindestens einmal         *
*               enthalten sein                *
*                                             *
*       endfunc                               *
```

Mindestens vorhanden sein muß der Name der Prozedur bzw. Funktion.

Da bei der COMAL-Version 0.14 Funktionen nur numerische Werte
zurückgeben können, darf hier der Name einer Funktion nicht vom
Typ String$ sein. Bei der Version 2.0 können auch Zeichenketten
zurückgegeben werden; Funktionsnamen dürfen dort auch vom Typ
String$ sein.

Vor weiteren Überlegungen sollen die bisherigen Ergebnisse in
einer Übersicht zusammengestellt werden.

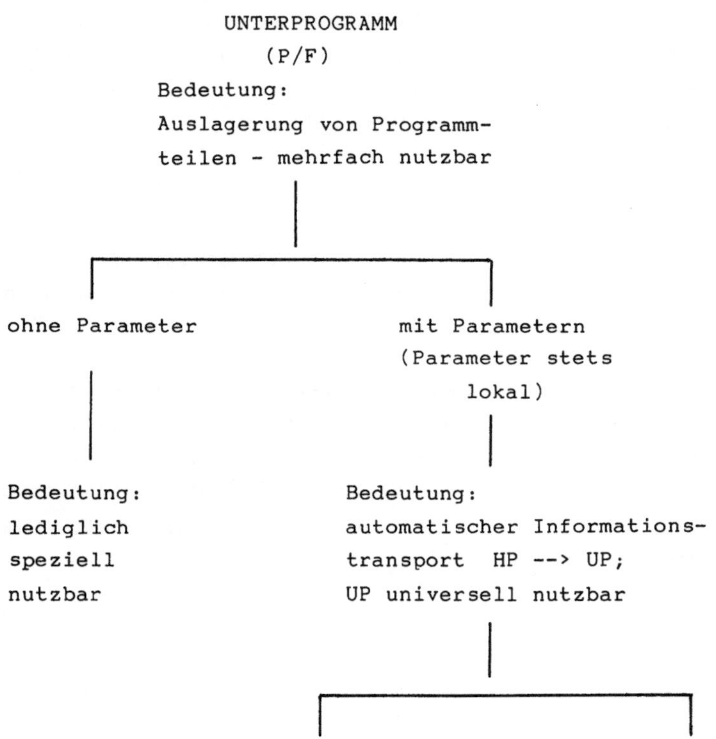

4.4.3 Call by value - call by reference

Ein weiterer Punkt ist zu beachten. Wie bereits erwähnt, wird beim
Aufruf einer P/F in der bisher beschriebenen Weise stets eine
Kopie der Werte der aufrufenden aktuellen Parameter des HP er-
stellt und unter den im P/F-Kopf angegebenen Parametern abgelegt.
Diese als 'call by value' bezeichnete Technik kostet Zeit und
Speicherplatz. Auch hier bietet COMAL Abhilfe.

Wenn einem Parameter im P/F-Kopf das Schüsselwort
             REF
vorangestellt wird, z. B. PROC sortiere(REF datei$(,),...) ,
bedeutet dies, daß keine Werteübertragung an das UP erfolgen soll,
daß keine Kopie erstellt werden soll.

In diesem Fall werden die aufrufende Variable des HP und die
Hilfsvariable im UP während des P/F-Aufrufs als ein-und-dieselbe
Variable aufgefaßt; es wird während des Aufrufs gewissermaßen
ferngesteuert vom UP aus auf die Speicherplätze der Variablen des
HP zugegriffen und deren Inhalte gegebenenfalls verändert, ohne
daß eine Kopie angefertigt wird.

Ein derartig durchgeführter P/F-Aufruf wird 'call by reference'
genannt.
Symbolisch dargestellt sieht die Wirkung von REF wie folgt aus:

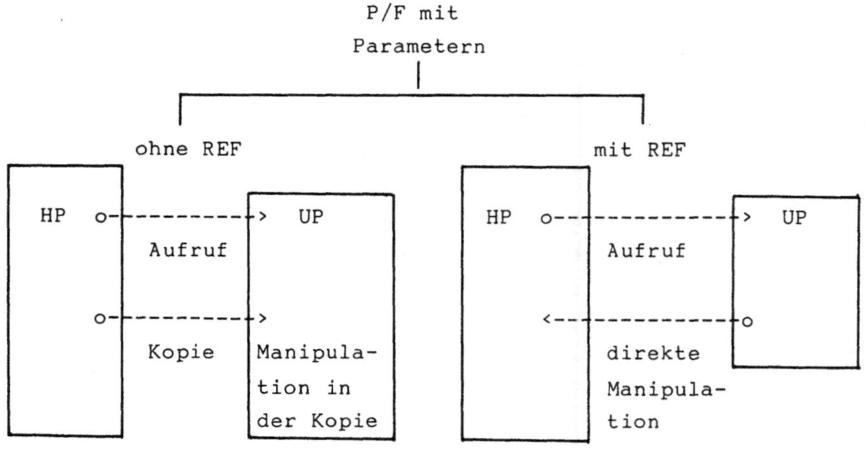

4.4.4 Rekursiver Aufruf

In der Sprache COMAL gibt es die Möglichkeit, eine P/F nicht nur
von einem Hauptprogramm aus, sondern auch von einer Prozedur oder
Funktion aus aufzurufen.
Logischerweise muß eine P/F dann auch sich selbst aufrufen können
- ein derartiger Aufruf wird als rekursiv bezeichnet.

Beispiel für eine rekursive Funktion:

```
0100 input "Zahl 1 :": x
0110 input "Zahl 2 :": y
0120 print x;"mod";y;"ergibt";rest(x,y)
0130 //
0140 func rest(a,b)
0150    if a<b then
0160       return a
0170    else
0180       return rest(a-b,b)
0190    endif
0200 endfunc rest
```

Diese Funktion bildet den Rest der Ganzzahldivision dadurch, daß
fortlaufend der Dividend um den Divisor verkleinert wird, bis der
verringerte Dividend kleiner geworden ist als der Divisor. Erst
jetzt wird dieser Rest durch Zeile 160 an das Hauptprogramm
zurückgegeben. In allen früheren Fällen ruft sich die Funktion in
Zeile 180 mit veränderten Werten selbst auf.
Wichtig für das Verständnis ist die Vorstellung, daß mit jedem
erneuten Aufruf ein neues 'Arbeitsblatt' erstellt wird, auf dem
eine Kopie der gerade zu verarbeitenden Werte eingetragen wird.

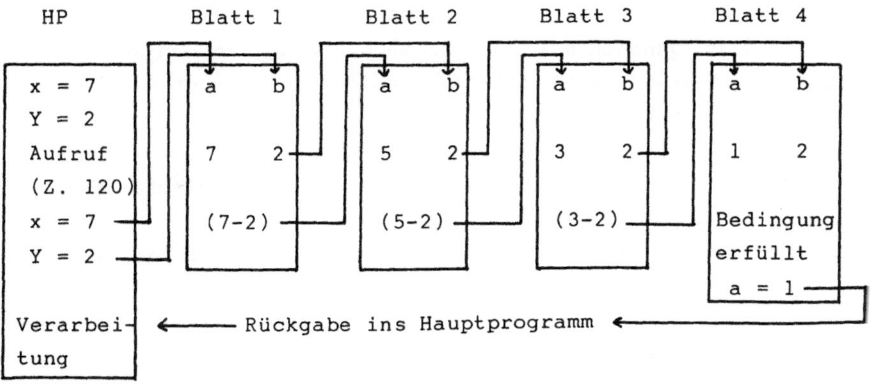

So werden beim ersten Aufruf in Zeile 120 die aktuellen Werte der
Variablen x und y auf das erste Arbeitsblatt übertragen und unter
den Bezeichnungen a bzw. b gespeichert und verwaltet; bei jedem
weiteren Aufruf durch Zeile 180 wird ein zusätzliches Arbeitsblatt
angelegt und die Werte (a-b) und b des ALTEN BLATTES werden unter
den Bezeichnungen a bzw. b auf das NEUE BLATT übernommen. Hierbei
wird die Variable a des Blattes 1 getrennt von der Variablen a des
Blattes 2 verwaltet und so fort; diese getrennte Verwaltung sowie
das 'Mitzählen' der neu angelegten Arbeitsblätter wird im Rahmen
der rekursiven Aufrufe vom System selbständig erledigt.
(Wenn Sie zur Kontrolle in das oben aufgelistete Programm die
Zeile   '145 print a; b'   einfügen, können Sie die Entwicklung
der Werte verfolgen).

Diese Technik kann durchaus zur Vereinfachung von Programmen führen und deren Übersichtlichkeit erhöhen. Dennoch sollte man mit
rekursiven Aufrufen sparsam umgehen; jedes rekursive Programm kann
auch nicht-rekursiv formuliert werden und die wiederholten Aufrufe
kosten Zeit!

Vorschläge für den Einsatz von P/F :

- P/F 'CLOSED' formulieren, wenn sie in unterschiedlichen Programmen eingesetzt werden sollen. Dadurch entfällt die Notwendigkeit, jedesmal prüfen zu müssen, ob sich die Variablen von
  UP und HP 'vertragen'.

- sollen Prozeduren auf Variable des HP einwirken, REF-Parameter
  und geschlossene (CLOSED) Prozeduren verwenden.
  Felder müssen ohnehin mit REF-Parametern angesprochen werden;
  dabei werden die verschiedenen Dimensionen wie unter 4.1 beschrieben durch Komma getrennt.
        (ref matrix(,,,,)   )
  bezieht sich demnach auf ein 5-dimensionales numerisches Feld.

- sparsamer Umgang mit rekursiven Prozeduren bzw. Funktionen.

5 COMAL-Beispiele

Einige Vorbemerkungen:

Die in den nachfolgenden Abschnitten 5.1 bis 6.1 enthaltenen Beispiele und Anwendungsvorschläge sollen praktische Einsatzmöglichkeiten der Sprache COMAL demonstrieren, nachdem die bisherigen Darstellungen mehr dem Ziel dienten, die Grundlage der Sprache selbst darzustellen.

Die Beispiele sollen Lösungsvorschläge für (zumeist bekannte) Aufgabenstellungen darstellen; es wurde bewußt zugunsten einer leichteren Verständlichkeit darauf verzichtet, besonders 'pfiffige' Lösungen zu entwickeln. Wie bereits im Vorwort gesagt, sollen die Beispiele dazu anregen, die Lösungsvorschläge zu überarbeiten, zu verdichten und zu verbessern.

Hinsichtlich der Formulierung der benutzten Variablen mußte gelegentlich ein Kompromiß zwischen Variablenlänge und zulässiger Druckbreite geschlossen werden.

Aus diesem Grunde tauchen auch dort gelegentlich relativ kurze Variablen auf, wo ich wegen der Übersichtlichkeit gern längere Namen benutzt hätte. Wo ich glaubte, nicht auf längere Zeilen verzichten zu können, wurden einige Programmlisten zerschnitten und auf die zulässige Seitenbreite eingerichtet; ich hoffe, dabei dennoch die Übersichtlichkeit gewahrt zu haben.

Die aufgeführten Programme werden stets strukturiert gelistet dargestellt, selbst wenn dabei Zeilen geteilt werden müssen. Für Überprüfungen stellt die Struktur, die im von COMAL automatisch strukturierten Listing zum Ausdruck kommt, eine wesentliche Hilfe dar.

Die Programme selbst sind für die Bildschirmausgabe eingerichtet. Ein Umschalten auf die Druckerausgabe ist ja leicht möglich durch 'select "lp:" ' (Version 2.0 z.T.: 'select "lp" '); hierbei werden bei der Version 0.14 jedoch nur die Druckbefehle auf den Drucker umgelenkt, nicht aber die per input eingegebenen Werte. Da ohne Kenntnis der eingegebenen Werte einige Kontrollausdrucke kaum verständlich wären, habe ich nur für diese Kontrollausdrucke einige Programme z.T. durch PRINT-Anweisungen ergänzt, die jedoch nicht in das Originalprogramm aufgenommen wurden, da sonst beim Bildschirmablauf die eingegebenen Werte doppelt dargestellt würden.

Die FORM der Kontrollausdrucke stimmt daher nicht immer mit der
FORM des Bildschirmausdruckes überein; der INHALT ist jedoch stets
identisch.

Ein weiterer Kompromiß: Im Prinzip benutze ich nicht gern
Kurzformen von Strukturelementen, da m.E. die Übersichtlichkeit
darunter leidet. Andererseits leidet die Übersichtlich auch, wenn
zu häufig Strukturelemente mit Leeranweisungen auftreten. In
Fällen, in denen es meiner Ansicht nach die Verständlichkeit nicht
beeinträchtigt, wurden daher die nachfolgend aufgeführten
Kurzformen eingesetzt.

```
        statt                      kürzer:


    for lv = 1 to 10           for lv= 1 to 10 print lv
        print lv
    endfor


    if a> 0 then               if a> 0 then ausdrucken
        ausdrucken
    else
    endif


    while m > 0 do             while m > 0 do m:-1
        m:-1
    endwhile
```

Diese Kurzformen sind zulässig, wenn jeweils nur eine Anweisung zu
klammern ist.

Im Rahmen der ersten vier Programme werden Problembeschreibung,
Problemanalyse, Struktogramm und Codierung vollständig dargestellt.

Bei den nachfolgenden Beispielen werden lediglich die Aufgabenstellung, Angaben zum Verfahren und besondere Hinweise und
Erläuterungen aufgeführt; Übungsvorschläge und Kontrollausdrücke
können aus Platzgründen nicht bei jedem Beispiel angefügt werden.

In den meisten Fällen werden die Hinweise zum Verständnis des
Lösungsvorschlages genügen. Sollten Sie einmal ein Struktogramm
vermissen, so läßt sich dies aus dem aufgelisteten Programm leicht
rekonstruieren, da (ausgenommen von den sparsam verwendeten Kurzformen) sämtliche Strukturelemente durch COMAL-Wörter vollständig
geklammert sind.

Ein letzter Hinweis: Im Prinzip gehe ich davon aus, daß die
Beispiele der Reihe nach durchgesehen werden. Daher wird z.B. die
Wirkung der Anweisung ZONE nur in den ersten Programmen ange-
sprochen.

ZUFALLSZAHLEN   ZUFALLSZAHLEN   ZUFALLSZAHLEN   ZUFALLSZAHLEN

Demo RND(-2)	Demo RND(2)	Demo RND(2,18)
2.99205567e-08	.271819872	2
2.99205567e-08	.14311354	16
2.99205567e-08	.511223365	16
2.99205567e-08	.367604656	7
2.99205567e-08	.148456903	6
2.99205567e-08	.310627511	10
2.99205567e-08	.711047821	11
2.99205567e-08	.589079112	15
2.99205567e-08	.30007266	8
2.99205567e-08	.362740687	10

Demo RND(-2)	Demo RND(2)	Demo RND(2,18)
	.639000029	
2.99205567e-08	3.62640051e-03	10
2.99205567e-08	.246067504	6
2.99205567e-08	.310690564	4
2.99205567e-08	.881763809	4
2.99205567e-08	.0890325083	12
2.99205567e-08	.515840322	8
2.99205567e-08	.0921937664	3
2.99205567e-08	.0102797462	3
2.99205567e-08	.360786672	7
2.99205567e-08		18

5.1 Vom Umgang mit Zahlen

Beispiel 1: Rechteck

Aufgabenstellung: Es ist ein Programm zu erstellen, das nach
Eingabe der benötigten Angaben den Flächeninhalt, den Umfang und
die Länge der Diagonalen eines Rechteckes ermittelt und ausdruckt.
Die errechneten Werte sind kommentiert auszugeben.

Problemanalyse:

Einzugeben sind
        die Länge des Rechteckes und
        die Breite des Rechteckes

Die Verarbeitung erfolgt gemäß der Formeln
        Umfang = 2*(Länge + Breite)
        Fläche = Breite * Länge
        Diagonale = Quadratwurzel aus (Längenquadrat
                                    + Breitenquadrat)

Ausgegeben werden sollen die Werte für
        Umfang
        Fläche
        Diagonale
in kommentierter Form.

Struktogramm

```
┌─────────────────────────────────────────────┐
│  Eingabe Länge                                │
│  Eingabe Breite                               │
├─────────────────────────────────────────────┤
│  Umfang    := 2*(Länge + Breite)              │
│  Fläche    := Breite * Länge                  │
│  Diagonale :=  √‾Länge↑2 + Breite↑2‾          │
├─────────────────────────────────────────────┤
│  Drucke:  Umfang                              │
│     "        Fläche                           │
│     "        Diagonale                        │
└─────────────────────────────────────────────┘
```

Hinweise/Erläuterungen:

Für die Ausgabe werden Kolonnen der Breite 15 eingerichtet; siehe Zeile 210.

Übung:

Schreiben Sie ein Programm zur Ermittlung der Größe der Oberfläche eines Quaders und der Länge seiner Raumdiagonalen.

Codierung:

```
0001 // Beispiel 1
0100 // Programm Rechteck
0110 //
0120 // *** Eingabe  ***
0130 input "Länge , Breite ?": laenge,breite
0140 //
0150 // *** Verarbeitung  ***
0160 umfang:=2*(breite+laenge)
0170 flaeche:=breite*laenge
0180 diagonale:=sqr(laenge↑2+breite↑2)
0190 //
0200 // *** Ausgabe  ***
0210 zone 15
0220 print "Umfang","Fläche","Diagonale"
0230 print umfang,flaeche,diagonale
0240 //
```

```
Länge , Breite ? 49
Umfang         Fläche         Diagonale
26             36             9.84885781


Länge , Breite ? 212
Umfang         Fläche         Diagonale
28             24             12.1655251


Länge , Breite ? 31.8
Umfang         Fläche         Diagonale
9.6            5.4            3.49857114
```

Beispiel 2: Idealgewicht

Aufgabenstellung: Zu erstellen ist ein Programm, das folgendes leistet:
Nach Eingabe der benötigten Daten soll der Computer ausdrucken, wie hoch Ideal- und Normalgewicht der betreffenden Person sind. Dabei sei das Idealgewicht nach der 'Formel':
     ' Körperlänge in cm minus 100   '
zu berechnen. Für Männer betrage das Idealgewicht 90% des Normalgewichtes, für Frauen dagegen nur 85% .

Problemanalyse:

Im Rahmen der Eingabe werden die Angaben
        Körperlänge in cm und
        Geschlecht (männlich/weiblich) benötigt
Errechnet wird
        das Normalgewicht in kg als (Körperlänge - 100),
sowie
        das Idealgewicht
            für Männer als Normalgewicht * 0,90;
        andernfalls ergibt sich das Idealgewicht als
            Normalgewicht * 0,85
Auszugeben sind Normalgewicht und Idealgewicht in kommentierter Form.

Struktogramm:

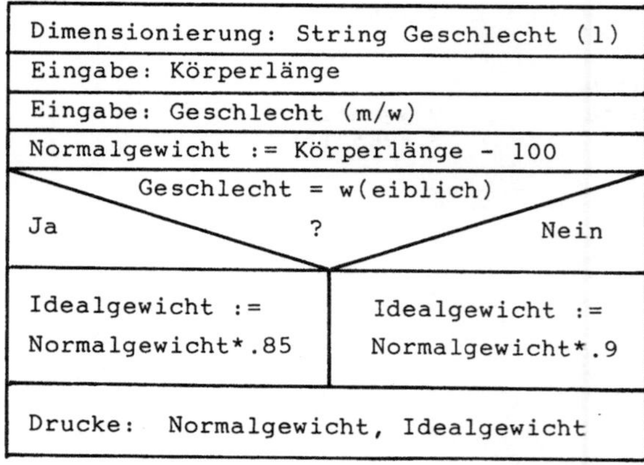

Übung:

Erweitern Sie das Programm so, daß bei der Eingabe auch das tatsächliche Gewicht der betreffenden Person erfragt wird und bei der Ausgabe auch ein Hinweis auf ein evtl. vorhandenes Über- bzw. Untergewicht ausgegeben wird. Damit wird aus den eingegebenen und verarbeiteten Informationen eine sinnvolle Schlußfolgerung gezogen.

Codierung:

```
0002 // Beispiel 2
0100 // Programm  Ideal- / Normalgewicht
0110 //
0120 dim geschlecht$ of 1
0130 //
0140 // *** Eingabe ****
0150 input "Größe  (in cm ) ? ": groesse
0160 input "Geschlecht (m/w)? ": geschlecht$
0170 //
0180 // *** Verarbeitung ***
0190 normalgewicht:=groesse-100
0200 if geschlecht$="w" or geschlecht$="W" then
0210   idealgewicht:=normalgewicht*.85
0220 else
0230   idealgewicht:=normalgewicht*.9
0240 endif
0250 //
0260 // *** Ausgabe ***
0270 zone 20
0280 print
0290 print "Normalgewicht","Idealgewicht"
0300 print normalgewicht,idealgewicht
0310 //
```

```
Größe  (in cm ) ?  174
Geschlecht (m/w)?  m

Normalgewicht        Idealgewicht
74                   66.6


Größe  (in cm ) ?  174
Geschlecht (m/w)?  M

Normalgewicht        Idealgewicht
74                   66.6


Größe  (in cm ) ?  168
Geschlecht (m/w)?  w

Normalgewicht        Idealgewicht
68                   57.8
```

Beispiel 3: Rabattberechnung

Aufgabenstellung:

Zu erstellen ist ein Programm, das folgendes leistet:

Nach Eingabe einer Warenmenge und dem dazugehörenden Stückpreis
sollen der Bruttowarenwert, der abzuziehende Rabatt sowie der
Nettowarenwert ausgedruckt werden. Dabei ist zu berücksichtigen,
daß bei Bruttowarenwerten von mehr als 1000,- DM 10% Rabatt
gewährt werden, bei Warenwerten von über 100,- DM bis einschließlich 1000,- DM 5% Rabatt und bei Bruttowarenwerten bis zu
100,- DM kein Rabatt gewährt wird.

Problemanalyse:

Im Rahmen der Eingabe sind

        Warenmenge und
        Stückpreis einzulesen.

Im Verarbeitungsteil ist

        zunächst der Bruttowarenwert als Produkt
        aus Warenmenge und Preis zu bilden;

        anschließend ist

        für Bruttowerte größer 1000,- DM
            der Rabatt mit 10% zu ermitteln
        andernfalls ist
            für Bruttowerte größer 100,- DM
                der Rabatt mit 5% zu ermitteln
            sonst ist der Rabatt mit 0%
                zu berechnen.

Die drei errechneten Werte sind kommentiert auszugeben.

Struktogramm:

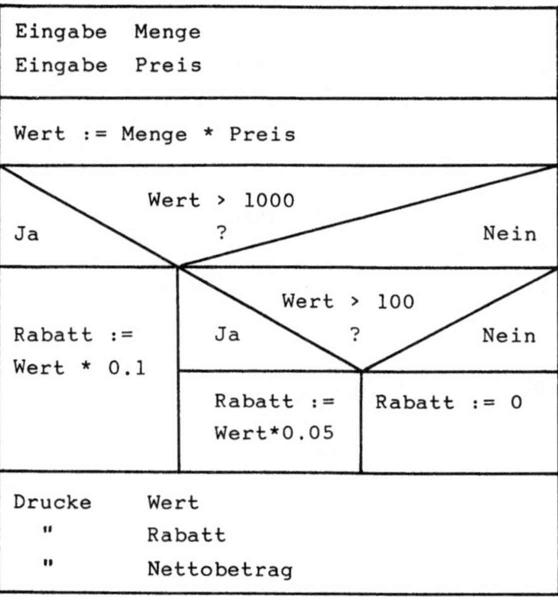

Hinweise/Erläuterungen:

Diese geschachtelten Auswahlstrukturen lassen sich mit Hilfe einer IF ... ELIF ...ELSE ... ENDIF - Struktur vereinfacht darstellen.

Codierung:

```
0003 // Beispiel 3
0100 // Programm Rabattberechnung
0110 //
0120 // *** Eingabe ***
0130 input "Warenmenge ? ": menge
0140 input "Preis      ? ": preis
0150 // *** Verarbeitung ***
0160 wert:=menge*preis
0170 if wert>1000 then
0180    rabatt:=wert*.1
0190 elif wert>100 then
0200    rabatt:=wert*.05
0210 else
0220    rabatt:=0
0230 endif
0240 // *** Ausgabe ***
0250 zone 15
0260 print "Bruttowert","Rabatt","Nettobetrag"
0270 print wert,rabatt,wert-rabatt
0280 //
```

```
Warenmenge  ?  100
Preis       ?  10.5
Bruttowert     Rabatt           Nettobetrag
1050           105              945


Warenmenge  ?  100
Preis       ?  8.5
Bruttowert     Rabatt           Nettobetrag
850            42.5             807.5


Warenmenge  ?  100
Preis       ?  .5
Bruttowert     Rabatt           Nettobetrag
50             0                50
```

Übung:

Ergänzen Sie das Programm so, daß für mehrere Waren eine sinnvoll
gestaltete Gesamttabelle erstellt wird und zusätzlich die Summen
der Bruttowerte, Rabatte und Nettowerte in einer Summenzeile
ausgedruckt werden.

Beispiel 4: Arithmetisches Mittel

Aufgabenstellung:
Eine unbestimmte Anzahl von Tankquittungen, auf denen neben der
getankten Benzinmenge auch die seit dem letzten Tanken gefahrenen
Km notiert wurden, ist auszuwerten. Eingegeben werden sollen die
Anzahl der Km und die jeweils nachgefüllte Benzinmenge; ausge-
druckt werden soll der Durchschnittsverbrauch auf 100 Km.

Anmerkung:

Gesamtstrecke und Gesamtliterzahl sind vor der ersten Eingabe auf
Null zu setzen.

Problemanalyse: (Arithmetisches Mittel)

Einzugeben sind wiederholt

gefahrene Kilometer und
nachgefüllte Benzinmenge

Diese Angaben sind jeweils zur bisherigen
Gesamtstrecke bzw. zur bisherigen
Gesamtliterzahl hinzuzuzählen.

Eingabe und Addition sind abzubrechen, wenn kein weiterer Tankbon
vorhanden ist; signalisiert wird dies durch Eingabe einer 0 für Km
und Literzahl.

Anschließend ist der Druchschnittsverbrauch zu ermitteln und
auszudrucken.

Struktogramm:

```
Ausgabe Erläuterungen

Gesamtstrecke    := 0
Gesamtverbrauch := 0

Wiederhole

    Eingabe:  Km
    Eingabe:  Liter
    Gesamtstrecke:    + Km
    Gesamtverbrauch: + Liter

bis Km = 0

Verbrauch je 100 :=
Gesamtverbrauch*100/Gesamtstrecke

Drucke Kommentar
    "     Verbrauch auf 100 Km
```

Codierung:

```
0004 // Beispiel 4
0100 // Programm Arithmetisches Mittel
0110 //
0120 print "Geben Sie bitte km und nachgefüllte Benzinmenge ein . "
0130 print "Abbruch durch Eingabe einer 0 bei beiden Angaben."
0140 print
0150 //
0160 gesamtstrecke:=0; gesamtverbrauch:=0
0170 zone 6
0180 repeat
0190    input "Kilometer :": km
0200    input "Liter     :": liter
0210    gesamtstrecke:+km; gesamtverbrauch:+liter
0220 until km=0
0230 verbrauch'auf'100:=gesamtverbrauch*100/gesamtstrecke
0240 print "Durchschnittsverbrauch auf 100 km : ";
0250 print verbrauch'auf'100," liter"
0260 //
```

Übung:

Ändern Sie das Programm so ab, daß man stets nur den aktuellen
Km-Stand einzugeben hat; die Differenz zum Km-Stand der vorherigen
Eingabe ist im Rahmen des Programms zu ermitteln.

****

Übung für Version 2.0 - Benutzer:

Die Version 2.0 stellt mit

```
    LOOP

       .......

       .......

       IF bedingung THEN EXIT

       .......

       .......
    ENDLOOP
```

eine weitere Schleifenkonstruktion zur Verfügung, bei der das
Abbruchkriterium an beliebiger Stelle eingefügt werden kann.
Verwenden Sie diese Schleifenkonstruktion im Beispiel 4 so, daß
unmittelbar nach Eingabe von 0 Kilometern die Ausgabe erfolgt.

Damit sind die Grundelemente der heranzuziehenden Programmstruk-
turen SEQUENZ, AUSWAHL und WIEDERHOLUNG noch einmal in Struktogrammen dargestellt worden; im Rahmen der folgenden Beispiele
werden Struktogramme aus Platzgründen nicht mehr aufgeführt.

Beispiel 5: Zahlenfolge

Aufgabenstellung:

Die ersten 20 Glieder der arithmetischen Folge 1. Ordnung ' 2, 5,
8, 11, ...' sollen mit Hilfe einer Zählschleife auf den Bildschirm
geschrieben werden. Dabei ist die Schleifenvariable direkt zu
nutzen.

Hinweise/Erläuterungen:

Die Zahlen sind so gewählt, daß sie kein Vielfaches der Differenz
darstellen. Daher bietet sich hier an, die Zählvariable mit der
Differenz zu multiplizieren und den so erhaltenen Wert geeignet zu
korrigieren. Aufgeführt sind zwei mögliche Lösungen.

```
0005 // Beispiel 5 / 01        0005 // Beispiel 5 / 02
0100 // Zahlenfolge 01         0100 // Zahlenfolge 02
0110 for zahl:=1 to 20 do      0110 for zahl:=0 to 19 do
0120    print 3*zahl-1;        0120    print 3*zahl+2;
0130 endfor zahl               0130 endfor zahl
0140 //                        0140 //
```

```
2 5 8 11 14 17 20 23 26 29 32 35 38 41 44 47 50 53 56 59
```


Übung:

Schreiben Sie ein Programm, das die ersten 20 Glieder folgender
arithmetischen Folge zweiter Ordnung ausdruckt:
    2, 7, 15, 26, 40, ...

Hinweis: Die Differenzen der Glieder einer arithmetischen Folge 2.
Ordnung bilden eine arithmetische Folge 1. Ordnung.

Beispiel 6: Kombinatorik-Formeln

Aufgabenstellung:

Mit Formeln aus dem Bereich der Kombinatorik lassen sich Aufgaben
lösen wie beispielsweise:
Auf wieviel unterscheidbare Arten lassen sich 8 verschiedenfarbige
Holzperlen auf eine Schnur auffädeln?

oder:

Wieviele Auswahlmöglichkeiten gibt es, wenn Schüler einer Klasse
von einem Aufgabenzettel mit 10 verschiedenen Aufgaben jeweils
genau zwei verschiedene Aufgaben auswählen und bearbeiten sollen?

In diesem Bereich gelangen drei Gruppen von Formeln zur Anwendung:
Formeln für Permutationen, Variationen und Kombinationen.

Nun läßt sich die zur Lösung einer konkreten Aufgabe heranzuziehende Formelgruppe durch die Beantwortung von zwei Fragen
eindeutig feststellen.

1. Frage: Werden n-Tupel gebildet?
Gemeint ist damit, ob sämtliche (dann handelt es sich um n-Tupel)
oder nur einige der vorhandenen Holzperlen aufgefädelt werden
sollen.

2. Frage: Spielt die Reihenfolge der Lösungselemente eine Rolle?
Gemeint ist damit, ob eine von den bisherigen sinnvoll unter-
scheidbare Situation dann eintritt, wenn man die Elemente einer
Lösung vertauscht.

Bei der Klassenarbeitsauswahlaufgabe spielt die Reihenfolge sicher
keine Rolle, da man nicht von zwei verschiedenen Situationen
sprechen würde, wenn ein Schüler die Aufgaben 4 und 6 und ein
anderer die Aufgaben 6 und 4 bearbeitet; hier würde man sagen,
beide haben die gleiche Möglichkeit gewählt.
Andererseits ist es nicht gleichgültig, ob drei Läufer in der
Reihenfolge A, B, C oder C, B, A ins Ziel gelangen.

Die Zuordnung der Formelgruppen zu den Fragen läßt sich wie folgt
zusammenstellen:
1. Werden n-Tupel gebildet, so sind stets die Formeln für Permutationen heranzuziehen.
2. Werden keine n-Tupel gebildet und spielt die Reihenfolge eine
Rolle, so sind die Formeln für Variationen heranzuziehen; spielt
die Reihenfolge keine Rolle, dann müssen die Formeln für Kombinationen herangezogen werden.
Es ist ein Programm zu schreiben, das nach Eingabe der erforderlichen Antworten die heranzuziehende Formelgruppe benennt.

Verfahren:

Die Auswahl der Formeln soll nach Eingabe der benötigten Informationen durch geschachtelte Abfragen erfolgen.

Hinweise/Erläuterungen:

Die konkreten Formeln sind in jeder Formelsammlung aufgeführt; sie
sind daher hier nur im Programmlisting enthalten. (n! gleich
n-Fakultät gleich 1*2*3*4* ...*n)

```
0006 // Beispiel 6
0100 // Kombinatorik-Formeln
0110 //
0120 dim antwort1$ of 1, antwort2$ of 1
0130 input "Werden n-Tupel gebildet        ? ": antwort1$
0140 input "Spielt die Anordnung eine Rolle ? ": antwort2$
0150 print
0160 print "Für Fälle ohne Wiederholung ist hier "
0170 print "die Formel  "
0180 print
0190 if antwort1$ in "Jj" then
0195    print "Permutationen:"
0196    print
0200    print "Pn = n!"
0210 elif antwort2$ in "Jj" then
0215    print "Variationen:"
0216    print
0220    print "V = n! / (n - k)!"
0230 else
0235    print "Kombinationen"
0236    print
0240    print "K = n! / k!*(n-k)! "
0250 endif
0260 print
0270 print "heranzuziehen."
```

Werden n-Tupel gebildet   ? n
Spielt die Anordnung eine Rolle ? n

Für Fälle ohne Wiederholung
ist hier die Formel

Kombinationen

K = n! / k!*(n-k)!

heranzuziehen.

Beispiel 7: Mini/Max

Aufgabenstellung:

Es sind nacheinander 10 Zahlen in den Computer einzugeben. Nach
Ablauf dieser Eingabe soll der Computer die niedrigste und die
höchste der eingegebenen Zahlen ausdrucken. Die einzugebenden
Zahlen sollen nicht einzeln gespeichert werden.

Verfahren:

Die erste eingegebene Zahl muß sowohl als bisheriges Minimum als
auch als bisheriges Maximum aufgefaßt werden. Für jede der eingegebenen Zahlen 2 bis 10 wird geprüft, ob sie größer als das
Maximum bzw. kleiner als das Minimum ist; in diesen Fällen wird
das bisherige Maximum bzw. Minimum durch den aktuellen Wert
überschrieben.

Hinweise/Erläuterungen:

In Zeile 150 wird die Laufvariable auf den Schirm gedruckt, durch
das Komma wird der Zeilenvorschub unterdrückt und damit wird
direkt nach diesem Wert der Kommentar der Zeile 160 geschrieben
und die betreffende Zahl angefordert.

Übungen:

Schreiben Sie das Programm so um, daß die eingegebenen Zahlen
zunächst sämtlich einzeln gespeichert werden und erst dann das
Minimum bzw. das Maximum dieser Zahlen festgestellt wird.

```
0007 // Beispiel 7
0100 //   Mini/Max
0110 //
0120 input "1. Zahl ": x
0130 max:=x; min:=x
0140 for anzahl:=2 to 10 do
0150    print anzahl,
0160    input ". Zahl ": x
0170    if x>max then
0180       max:=x
0190    elif x<min then
0200       min:=x
0210    endif
0220 endfor anzahl
0230 print
0240 zone 10
0250 print "Maximum","Minimum"
0260 print max,min
```

```
1. Zahl   1
2. Zahl   -2
3. Zahl   0
4. Zahl   -5
5. Zahl   4
6. Zahl   123
7. Zahl   7
8. Zahl   6
9. Zahl   3
10. Zahl  9

Maximum    Minimum
123        -5
```

```
0008 // Beispiel 8
0100 //Extremwertproblem
0110 //
0120 input "Wie lang ist der Elektrodraht ": laenge
0130 max:=0; aopt:=0
0140 for a:=0 to laenge/2 do
0150    b:=laenge/2-a
0160    flaeche:=a*b
0170    if flaeche>max then max:=flaeche; aopt:=a; bopt:=b
0180 endfor a
0190 print
0200 zone 15
0210 print "Seite a:","Seite b","Fläche:"
0220 print aopt,bopt,max
```

```
Wie lang ist der Elektrodraht   100

Seite a:        Seite b        Fläche:
25              25             625
```

```
Wie lang ist der Elektrodraht   10000

Seite a:        Seite b        Fläche:
2500            2500           6250000
```

Beispiel 8: Extremwertproblem

Aufgabenstellung:

In jedem Mathematikschulbuch finden sich zur Einführung in das
Gebiet der Ermittlung von Extremwerten unter Berücksichtigung
einschränkender Nebenbedingungen einfache Aufgaben der folgenden
Art, die wegen ihrer ganzzahligen Lösungen durch Probieren gelöst
werden könnten.
Schreiben Sie ein Programm, das folgendes Problem löst:
Auf einer Kabeltrommel befinden sich noch 100 Meter Elektro-Weide-
draht. Wie groß ist die größte rechteckige Weidefläche, die man
mit Hilfe dieser 100 Meter Draht einzäunen kann?

Verfahren:

Die Lösung soll durch Probieren gefunden werden. Da es sich um ein
Rechteck handeln soll, müssen zwei angrenzende Seiten genau 50
Meter lang sein. Diese Strecke wird mit der Schrittweite 1 in die
Teilstrecken a und b aufgeteilt. Das größtmögliche Produkt (a*b)
wird zusammen mit der zugehörigen Länge der Teilstrecke a ge-
speichert und anschließend ausgedruckt.

Hinweis

Die Aufgabe ist so gewählt, daß die korrekte Lösung in einer ganzzahligen Meterangabe besteht. Sollten Sie andere Aufgaben in kleineren Einheiten durchprobieren lassen wollen, so geben Sie die
Ausgangswerte in der kleineren Einheit an, d.h. hier z.B. in 10000
cm. Die Schrittweite der Zählschleife sollten Sie nicht zu weit
verringern, da sich sonst die Rechnerungenauigkeit zu stark
auswirkt.

Übungen:

Behauptung: Wird eine ganze Zahl in zwei gleich große Summanden
zerlegt, so ist die Summe der Quadrate der beiden Summanden
minimal. Lassen Sie diese Behauptung durch ein Programm für
beliebige ganze Zahlen testen.

Beispiel 9: Kokosnußproblem

Aufgabenstellung:

Zu ermitteln sind die Lösungen des bekannten Kokosnußproblems, das
z. B. wie folgt formulierbar ist: Drei Seeleute und ein Affe
stranden auf einer Insel, die mit Kokospalmen bestanden ist.
Während des Nachmittages sammeln sie Kokosnüsse und legen Sie auf
einen Haufen, den sie am anderen Morgen gerecht aufteilen wollen.
In der Nacht wacht der erste Seemann auf und beginnt, den Haufen
zu teilen. Dabei wacht der Affe auf. Um den Affen abzulenken,
wirft der Seemann dem Affen eine Nuß zu und teilt anschließend den
Nußhaufen in drei gleiche Teile. Einen Teil versteckt er für sich,
aus den beiden anderen Teilen bildet er einen neuen Haufen.
Anschließend legt er sich schlafen. Kurz darauf wacht der zweite
Seemann auf, wirft dem schlaflosen Affen eine Nuß zu und teilt
seinerseits den verbliebenen Haufen in drei gleiche Teile, von
denen er einen für sich versteckt usw. Der dritte Seemann handelt
genau wie seine beiden Kollegen.

Am nächsten Morgen stehen alle auf, der Affe erhält eine Nuß und
der (etwas kleiner gewordene) Haufen von Kokosnüssen wird in drei
gleiche Teile geteilt.

Frage: Wieviel Kokosnüsse bildeten vor der ersten Teilung den
Nußhaufen, wenn bei keiner der 4 Teilungen eine Nuß zerschlagen
werden mußte?

Auszugeben sind alle Lösungen zwischen einer und 1000 Nüssen.

Verfahren:

Hier soll ein Probierverfahren zur Anwendung kommen. Im Programm
sollen für jede ganze Zahl von 1 bis 1000 rechentechnisch die
beschriebenen Subtraktionen und Teilungen nachvollzogen werden;
anschließend ist zu prüfen, ob die Ergebnisse der Teilungen
ganzzahlig sind.
Ist dies bei allen Teilungen der Fall, so handelt es sich bei der
gerade untersuchten Ausgangsgröße um eine Lösung des Problems, die
dann ausgedruckt werden soll.

Hinweise/Erläuterungen:

In Zeile 180 wird von der Ausgangsmenge x eine Nuß für den Affen
abgezogen; der Rest wird durch drei geteilt und bildet x1, d.h.
die Menge, die der erste Seemann für sich versteckt. Da diese
Menge ein Drittel darstellt, kann dann in Zeile 190 die Ausgangsmenge für den zweiten Seemann mit 2*x1 übersichtlich dargestellt
werden.
In Zeile 220 wird geprüft, ob die Drittel jeder einzelnen Teilung
ganzzahlig sind. Falls dies erfüllt ist, wird x als eine Lösung
ausgegeben.

Dieses Verfahren ist recht zeitaufwendig, da z.B. im Fall, daß x1
bereits nicht ganzzahlig ist, die Berechnungen und Prüfungen bezüglich x2, x3 und x4 überflüssig werden.
Diese überflüssigen Berechnungen werden vermieden, wenn man - wie
mit der Fassung 'Kokosnußproblem 02' dargestellt, Auswahlstrukturen schachtelt.

Übungen:

Frau Wermerssen aus Osnabrück verdanke ich den Hinweis, daß die
niedrigste Lösung des Kokosnußproblems für eine beliebige Anzahl
von Seeleuten nach der Formel $x(n) = n \uparrow (n+1) - (n-1)$
ermittelt werden könne.
Prüfen Sie dies doch bitte mit Hilfe der hier dargestellten
Technik für einige n nach.

```
0009 // Beispiel 9 / 01
0100 // Kokosnußproblem 01
0110 //
0120 print chr$(147)
0130 print "Ermittelt werden die Lösungen des Kokosnußproblems ";
0140 print "zwischen 1 und 1000"
0150 print
0160 //
0170 for x:=1 to 1000 do
0180    x1:=(x-1)/3
0190    x2:=(2*x1-1)/3
0200    x3:=(2*x2-1)/3
0210    x4:=(2*x3-1)/3                                          then
0220    if x1 mod 1=0 and x2 mod 1=0 and x3 mod 1=0 and x4 mod 1=0
0230      print "Lösung : ",x
0240    endif
0250 endfor x
0260 //
```

Ermittelt werden die Lösungen des Kokosnußproblems   zwischen 1 und
                                                              1000

```
Lösung  :  79
Lösung  :  160
Lösung  :  241
Lösung  :  322
Lösung  :  403
Lösung  :  484
Lösung  :  565
Lösung  :  646
Lösung  :  727
Lösung  :  808
Lösung  :  889
Lösung  :  970
```

```
0009 // Beispiel 9 / 02
0100 // Kokosnußproblem 02
0110 //
0120 print chr$(147)
0130 print "Ermittelt werden die Lösungen des Kokosnußproblems ";
0140 print "zwischen 1 und 1000"
0150 print
0160 zone 10
0170 //
0180 for x:=1 to 1000 do
0190    x1:=(x-1)/3
0200    if x1 mod 1=0 then
0210      x2:=(2*x1-1)/3
0220      if x2 mod 1=0 then
0230        x3:=(2*x2-1)/3
0240        if x3 mod 1=0 then
0250          x4:=(2*x3-1)/3
0260          if x4 mod 1=0 then
0270            print "Lösung : ",x
0280          endif
0290        endif
0300      endif
0310    endif
0320 endfor x
0330 //
```

Ermittelt werden die Lösungen des Kokosnußproblems   zwischen 1 und
                                                              1000

```
Lösung  :   79
Lösung  :   160
Lösung  :   241
Lösung  :   322
Lösung  :   403
Lösung  :   484
Lösung  :   565
Lösung  :   646
Lösung  :   727
Lösung  :   808
Lösung  :   889
Lösung  :   970
```

Beispiel 10: Kubikwurzel

Aufgabenstellung:

Die Kubikwurzel einer Zahl x soll nach dem Newtonschen Näherungs-
verfahren ermittelt werden.

Verfahren:

Bei dem angewandten Verfahren wird die Formel:
        xn = 1/3*(2*xa + x/xa↑2)
benutzt, wobei xn den neuen, xa den bisherigen Näherungswert bezeichnet und x diejenige Zahl darstellt, aus der die dritte Wur-
zel zu ziehen ist. Mit Hilfe dieser Formel wird wiederholt ein
neuer Näherungswert berechnet, der beim darauffolgenden Durchgang
an die Stelle des bisher benutzten Wertes xa tritt (Zeile 170) und
so fort.
Der beschriebene Vorgang soll solange wiederholt werden, wie alter
und neuer Näherungswert nicht übereinstimmen.
Da das Abbruchkriterium bei der verwendeten Schleife im Schleifenkopf überprüft wird, müssen vor Eintritt in die Schleife für xa
und xn zwei unterschiedliche Ausgangswerte existieren. Als Aus-
gangswert xa wird die Zahl x selbst benutzt; der erste (neue)
Näherungswert wird willkürlich mit xn = x/3 festgelegt.

Übungen:

Die hier dargestellte Lösung ist insofern unsauber, als sie bei
der Formulierung des Abbruchkriteriums einfach auf die Begrenzt-
heit der Zahlendarstellung im Computer zurückgreift.
Bauen Sie das Programm so um, daß ein 'sichtbares' Abbruchkriterium genutzt wird.

```
0010 // Beispiel 10
0100 // Kubikwurzel / Newton-Verfahren
0110 //
0120 print chr$(147) // Schirm löschen
0130 input "Von welcher Zahl ist die 3. Wurzel zu berechen ?": x
0140 xa:=x
0150 xn:=x/3
0160 while xn<>xa do
0170   xa:=xn
0180   xn:=(2*xa+x/xa↑2)/3
0190 endwhile
0200 //
0210 print
0220 print "Die dritte Wurzel aus ",x," lautet : ",xn
0230 //
```

```
Von welcher Zahl ist die 3. Wurzel zu berechen ? 8

Die dritte Wurzel aus 8 lautet : 2

Von welcher Zahl ist die 3. Wurzel zu berechen ? -999

Die dritte Wurzel aus -999 lautet : -9.99666555

Von welcher Zahl ist die 3. Wurzel zu berechen ? 1599

Die dritte Wurzel aus 1599 lautet : 11.6936338
```

```
0011 // Beispiel 11
0100 // Quersumme + querprodukt
0110 input "Zu verarbeitende Zahl : ": zahl
0120 querprodukt:=1; quersumme:=0
0130 exponent:=int(log(zahl)/log(10))
0140 for lv:=exponent to 1 step -1 do
0150   ziffer:=(zahl div (10↑lv))
0160   quersumme:+ziffer
0170   querprodukt:=querprodukt*ziffer
0180   zahl:=(zahl mod (10↑lv))
0190 endfor lv
0200 quersumme:+zahl
0210 querprodukt:=querprodukt*zahl
0220 print "Quersumme = ";quersumme
0230 print "Querprodukt =";querprodukt
0240 //
```

```
Zu verarbeitende Zahl :    123
Quersumme =  6
Querprodukt = 6


Zu verarbeitende Zahl :    123456
Quersumme =  20.9999375
Querprodukt = 719.992504
```

Beispiel 11: Quersumme

Aufgabenstellung:

Von einer einzugebenden Zahl sollen die Quersumme und das Querprodukt der einzelnen Ziffern gebildet werden.

Verfahren:

Zur Isolierung der einzelnen Ziffern wird auf die Zehnerpotenz der eingegebenen Zahl zurückgegriffen.

Beispiel:

    Eingegebene Zahl :   2345

Die enthaltene höchste Zehnerpotenz ist die 3; dies wird im Programm in Zeile 130 festgehalten.

Die erste Ziffer von links, die 2, kann nun ermittelt werden, indem die eingegebene Zahl durch die enthaltene Zehnerpotenz (hier 10↑3) ganzzahlig dividiert wird (Zeile 150) .

Anschließend wird die bisherige Zahl ersetzt durch den Rest der gerade ausgeführten Ganzzahldivision (Zeile 180); mit einem um 1 verringerten Exponenten wird ab Zeile 140 der beschriebene Vorgang wiederholt bis zum Exponenten 1 .
Als Ergebnis dieses letzten Schleifendurchlaufes erhält man die Einerziffer, die dann außerhalb der Schleife weiterverarbeitet wird.

Übungen:

Bei größeren Zahlen wird das Ergebnis ungenau, vgl. Kontrollausdruck. Wandeln Sie das Programm so um, daß nur (die korrekten) ganzzahligen Ergebnisse ausgegeben werden.

Beispiel 12: Fibonacci - Zahlen

Aufgabenstellung:

Von der als 'Kaninchen-Zahlen' oder 'Fibonacci-Folge' bekannten
Zahlenfolge
    1, 1, 2, 3, 5, 8, 13, 21, ...
soll ein gewünschtes Glied berechnet und ausgegeben werden.

Der Index der Glieder dieser Folge wird dabei üblicherweise von
0 an gezählt, so daß gilt: f(6) = 13 .

Verfahren:

Ein bestimmtes Folgeglied wird durch die Addition der beiden
vorangehenden Glieder ermittelt, wobei die Glieder 0 und 1 mit
jeweils 1 angenommen werden.

Formal: $f(n) = f(n-1) + f(n-2)$ mit $f(0) := 1$; $f(1) := 1$

Um ein bestimmtes Glied zu berechnen, wird dieses Bildungsgesetz
auf die Glieder 2 bis zum gewünschten Glied angewandt.

Übungen:

Gestalten Sie das Programm so um, daß die Rechenarbeit nur einmal
geleistet werden muß. Hierfür sind die Folgeglieder einzeln zu
speichern, um sie später direkt abrufen zu können.

```
0012 // Beispiel 12
0100 // Fibonacci - Zahlen
0110 // f(0) = 1 ; f(1) = 1
0120 // f(n) = f(n-1) + f(n-2)
0130 input "Welches Folgeglied soll ermittelt werden ": x
0140 dim f(0:x)
0150 f(0):=1
0160 f(1):=1
0170 for index:=2 to x do
0180    f(index):=f(index-1)+f(index-2)
0190 endfor index
0200 print "f(",x,") = ";f(x)

Welches Folgeglied soll ermittelt werden  20
f(20) =  10946

Welches Folgeglied soll ermittelt werden  30
f(30) =  1346269
```

Beispiel 13: Zahlenumwandlung

Aufgabenstellung:

Eine Dezimalzahl soll in eine Zahl eines anderen Systems mit einer
beliebigen Basis kleiner 10 umgewandelt werden.

Verfahren:

Eine bekannte Technik besteht darin, die umzuwandelnde Dezimalzahl
durch die gewünschte Basis zu dividieren. Dabei bildet der ganzzahlige Anteil den neuen Dividenden, der dann weiter durch die gewünschte Basis dividiert wird; die jeweiligen Reste bilden in umgekehrter Reihenfolge gelesen die neue Zahl. Das Verfahren ist
genau dann abzubrechen, wenn das Ergebnis der Ganzzahldivision
gleich 0 ist.

Beispiel:

$$10 : 2 = 5 \quad \text{Rest } 0$$
$$5 : 2 = 2 \quad " \quad 1$$
$$2 : 2 = 1 \quad " \quad 0$$
$$1 : 2 = 0 \quad " \quad 1$$

Die Umwandlung der Dezimalzahl   10   in eine Dualzahl ergibt also
die Ziffernfolge   1 0 1 0 .

Hinweise/Erläuterungen:

Bei dem nachfolgend aufgeführten Programm werden die Divisions-
reste sofort stellenrichtig in eine vorher dimensionierte Liste
eingetragen, deren Stellenzahl in Zeile 160 ermittelt wird. Ab
Zeile 260 wird diese Liste von links beginnend Stelle für Stelle
ausgedruckt.

Übungen:

Schreiben Sie ein hierzu 'inverses' Programm, d.h. ein Programm,
bei dem durch fortgesetzte Multiplikation mit der Basis eine Zahl
eines beliebigen Systems in eine Dezimalzahl rückgewandelt wird.

```
0013 // Beispiel 13
0100 //Zahlenumwandlung
0110 //
0120 input " Zahl des Dezimalsystems   : ": zahl
0130 input " Basis neues Zahlensystem : ": basis
0140 print
0150 print "Dezimalzahl             ";zahl
0160 stellenzahl:=int(log(zahl)/log(basis))+1
0170 dim ergebnis(stellenzahl)
0180 feldnr:=stellenzahl
0190 repeat
0200   rest:=zahl mod basis // Darf man diese beiden
0210   zahl:=zahl div basis // Zeilen vertauschen ??
0220   ergebnis(feldnr):=rest
0230   feldnr:-1
0240 until zahl=0
0250 print "ergibt zur Basis ";basis;": ";
0260 for feldnr:=1 to stellenzahl do
0270   print ergebnis(feldnr);
0280 endfor feldnr
```

```
 Zahl des Dezimalsystems   :  8
 Basis neues Zahlensystem :  2

Dezimalzahl             8
ergibt zur Basis  2 :  1 0 0 0

 Zahl des Dezimalsystems   :  1000
 Basis neues Zahlensystem :  2

Dezimalzahl             1000
ergibt zur Basis  2 :  1 1 1 1 1 0 1 0 0 0

 Zahl des Dezimalsystems   :  500
 Basis neues Zahlensystem :  2

Dezimalzahl             500
ergibt zur Basis  2 :  1 1 1 1 1 0 1 0 0

 Zahl des Dezimalsystems   :  500
 Basis neues Zahlensystem :  3

Dezimalzahl             500
ergibt zur Basis  3 :  2 0 0 1 1 2

 Zahl des Dezimalsystems   :  500
 Basis neues Zahlensystem :  4

Dezimalzahl             500
ergibt zur Basis  4 :  1 3 3 1 0
```

Beispiel 14: Lottozahlen

Aufgabenstellung:

Mit Hilfe von Zufallszahlen soll eine formal korrekte Tippreihe
für das Lottospiel 6 aus 49 ausgedruckt werden.

Verfahren:

Eine Liste mit 49 Elementen wird für die Zahlen von 1 bis 49
angelegt. Anschließend werden Zufallszahlen erzeugt und als
Listenindex interpretiert. In das Element, dessen Index als
Zufallszahl 'gezogen' wurde, wird eine '1' geschrieben. Für den
Fall, daß dort bereits eine 1 stand, wird eine neue Zufallszahl
gezogen. Diese Vorgänge werden wiederholt, bis 6 Einsen in der
Liste stehen; anschließend wird von links beginnend jeder Listen-
index ausgedruckt, in dessen zugehörigem Element eine '1' steht.

Hinweise/Erläuterungen:

Mit der Dimensionierung in Zeile 110 wird die Liste automatisch
mit '0'-en gefüllt.

Übungen:

Schreiben Sie das entsprechende Programm für das Mittwochslotto.
Fügen Sie die Möglichkeit hinzu, mehrere Tippreihen ermitteln und
ausdrucken zu lassen; in diesem Fall sollten bei aufeinanderfol-
genden Tippreihen nicht mehr als zwei Zahlen übereinstimmen.

```
0014 // Beispiel 14
0100 // Lottozahlen
0110 dim liste(49)
0120 for anzahl:=1 to 6 do
0130    repeat
0140       zahl:=rnd(1,49)
0150    until liste(zahl)<>1
0160    liste(zahl):=1
0170 endfor anzahl
0180 for index:=1 to 49 do
0190    if liste(index)=1 then print index;
0200 endfor index
```

```
 2 14 17 18 24 48

 2 13 16 23 30 43

11 17 21 31 32 35

 6 20 21 32 36 40
```

Beispiel 15: Primzahlensieb

Aufgabenstellung:

Die Primzahlen von 1 bis 100 sind durch ein Streichungsverfahren
zu ermitteln.

Verfahren:

Ein numerisches Feld mit 100 Elementen wird angelegt. Betrachtet
werden die Indizes der Feldelemente. Ein bekanntes Verfahren läuft
wie folgt ab:

Die 1 bleibt unbehelligt. Anschließend geht man für die Zahlen 2,
3, 4, 5, ... wie folgt vor:
Die betrachtete Zahl selbst bleibt stehen, sämtliche Zwei- und
Mehrfachen dieser Zahl werden gestrichen. Das Streichen soll hier
durch Setzen einer 1 in dem betreffenden Feld dargestellt werden.

Wie man leicht feststellt, genügt es, bei den Zahlen 2, 3, 4, 5,
... nur bis zur 50 vorzugehen, da die 53 z.B. selbst ja nicht
gestrichen würde sondern nur ihre Vielfachen; diese liegen aber
bereits jenseits der gewählten Grenze von 100.

Anschließend wird das Feld von links beginnend gelesen und jeder
Feldindex ausgedruckt, in dessen zugehörigem Element noch eine von
der Dimensionierung stammende Null steht, also keine Streichung
stattgefunden hat.

Hinweise/Erläuterungen:

Das Produkt der Indizes i und j, das den Feldindex bildet, kann
bei den gewählten Grenzen bis auf 2500 ansteigen. Der Versuch, in
Felder mit Indizes größer 100 zu schreiben, hätte eine Fehlermeldung zur Folge, da das Feld nur bis 100 dimensioniert wurde.
Ein derartiger Versuch wird in Zeile 160 verhindert.

Übungen:

Bei diesem Verfahren werden viele Streichungen doppelt ausgeführt.

Wenn bereits alle Vielfachen von 2 gestrichen sind, braucht z.B.
das Zweifache von 4 nicht mehr gestrichen zu werden, da gilt:

        4*2 = 2*4

Verbessern Sie das Programm so, daß diese Zusammenhänge
berücksichtigt werden.

```
0015 // Beispiel 15
0100 // Primzahlensieb
0110 //
0120 dim feld(100)
0130 for i:=2 to 50 do
0150    for j:=2 to 50 do
0160      if i*j<=100 then feld(i*j):=1
0170    endfor j
0180 endfor i
0190 for i:=1 to 100 do
0200    if feld(i)=0 then print i;
0210 endfor i
```

1 2 3 5 7 11 13 17 19 23 29 31 37 41 43 47 53 59 61 67 71 73 79
                                                        83 89 97

Beispiel 16: Funktionstabelle

Aufgabenstellung:

Für eine Anzahl eingegebener Argumente sind die Funktionswerte im
Programm festgehaltener Funktionen zu ermitteln. Argumente und
Funktionswerte sind in Form einer Wertetabelle auszudrucken.

Verfahren:

Eine Möglichkeit, die eingegebenen und ermittelten Werte nach
Abschluß der Eingabe geschlossen ausgeben zu können, besteht
darin, sämtliche Werte in eindimensionalen Feldern zu speichern
und nach Druck des Tabellenkopfes abzurufen und auszudrucken. Dies
geschieht in diesem Programm bezüglich der Variablen x und y.

Eine andere Möglichkeit besteht darin, die erforderlichen Berechnungen jeweils erst im Rahmen der Druckanweisung vornehmen zu
lassen - auf diese Weise sollen die Werte der trigonometrischen
Funktionen der Tabelle erzeugt werden, vgl. Zeilen 270f.

Hinweise/Erläuterungen:

Die geordnete Ausgabe der Koordinatenpaare soll mit Hilfe der
TAB( )-Funktion erfolgen.

Das Programm enthält keine Zulässigkeitsprüfungen.

Übungen:

Wandeln Sie das Programm so ab, daß die eingegebenen und sämtliche
zu errechnenden Werte in einem zweidimensionalen Feld gespeichert
und aus diesem ausgelesen und gedruckt werden.
Fügen Sie die notwendigen Zulässigkeitsprüfungen hinsichtlich der
Argumente ein.

```
0016 // Beispiel 16
0100 // Funktionstabelle
0110 //
0120 input "Wieviel Argumente :": anzahl
0130 dim x(anzahl)
0140 dim y(anzahl)
0150 //
0160 print chr$(147)
0170 for lv:=1 to anzahl do
0180    input "Argument: ": x(lv)
0190    y(lv):=x(lv)↑2
0200 endfor lv
0210 print tab(2);"x";tab(10);"x↑2";tab(22);"sin (x)";tab(36);"cos
                                                          (x)";
0220 print tab(50);"tan (x)";tab(64);"atn (x)"
0230 print "-------------------------------------",
0240 print "-------------------------------------",
0250 print
0260 for lv:=1 to anzahl do
0270    print tab(2);x(lv);tab(10);y(lv);tab(18);sin(x(lv));tab(32);
                                                     cos(x(lv));
0280    print tab(46);tan(x(lv));tab(60);atn(x(lv))
0290 endfor lv
```

x	x↑2	sin (x)	cos (x)
-5	25	.958924274	.283662186
-4	16	.756802495	-.65364362
-3	9	-.141120008	-.989992496
-2	4	-.909297427	-.416146837
-1	1	-.841470985	.540302306
0	0	0	1
1	1	.841470985	.540302306
2	4	.909297427	-.416146836
3	9	.141120008	-.989992496
4	16	-.756802495	-.65364362
5	25	-.958924274	.283662186

tan (x)	atn (x)
3.380515	-1.37340077
-1.15782128	-1.32581766
.142546543	-1.24904577
2.18503986	-1.10714872
-1.55740772	-.785398163
0	0
1.55740772	.785398163
-2.18503986	1.10714872
-.142546543	1.24904577
1.15782128	1.32581766
-3.380515	1.37340077

Beispiel 17: Galtonbrett

Aufgabenstellung:

Die Wirkungsweise eines Galton-Brettes ist zu simulieren.

Ein Galtonbrett hat im Prinzip folgendes Aussehen:

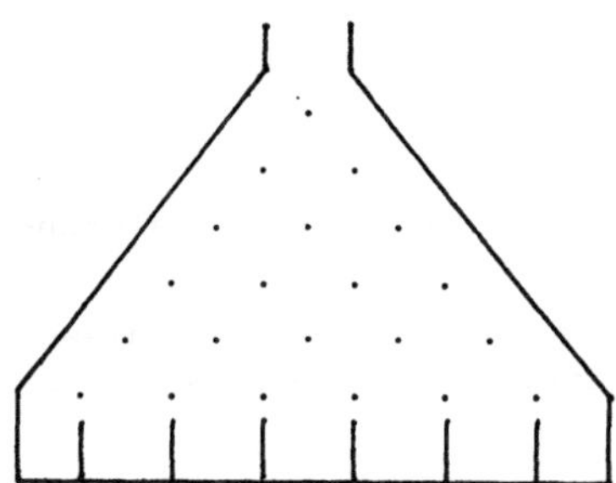

Die dargestellten Punkte sollen in das Brett eingeschlagene Nägel
symbolisieren. Eine in den Schacht von oben eingeworfene Kugel
trifft beim Fall nach unten in jeder neuen Reihe auf einen Nagel
und wird nach links oder nach rechts abgelenkt. Schließlich fällt
jede Kugel in eines der unten symbolisierten Gefäße. Wie man
leicht überlegen kann, sammeln sich in den mittleren Gefäßen mehr
Kugeln als in den Randgefäßen, da die Kugeln in letzteren Fällen
stets in die gleiche Richtung abgelenkt werden müßten. Experi-
mentell ergibt sich hinsichtlich der Kugelzahl in den Gefäßen
(etwa) eine Binomialverteilung.

Hinweise/Erläuterungen:

Für die Sammelgefäße wird ein Feld eingerichtet, Zeile 150 .
Dabei muß gemäß Konstruktion des Brettes die Anzahl der Gefäße
stets um 1 größer sein als die Anzahl der Nagelreihen. (Zeile 140)

Das Fallen der Kugel wird wie folgt simuliert:

Die Ausgangsposition der Kugel befindet sich in der Mitte des
Feldes; dieser Index wird in Zeile 180 ermittelt. Für jede
Reihenzahl wird die Kugel jetzt einmal nach links oder rechts
abgelenkt, d.h. der Index wird um eins verringert oder erhöht.

Die Entscheidung links - rechts wird in Abhängigkeit von Zufallszahlen im Intervall 1 bis 10 gefällt:
Eine Zahl von 1 bis 5 heißt links, eine Zahl von 6 bis 10 heißt
rechts.

Sind alle Nagelreihen durchlaufen, wird der Inhalt desjenigen
'Sammelgefäßes', das dem aktuellen Index entspricht, um eine
Einheit erhöht; Zeile 270.

Übungen:

Das Programm ist für eine gerade Anzahl von Nagelreihen formuliert.
Prüfen Sie, ob Veränderungen vorgenommen werden müssen, um auch
eine ungerade Anzahl von Nagelreihen verarbeiten zu können.

```
0017 // Beispiel 17
0100 // Galtonbrett
0110 //
0120 input " Wieviel Nagelreihen (gerade Anzahl) : ": reihenzahl
0130 print
0140 gefaesszahl:=reihenzahl+1
0150 dim feld(gefaesszahl)
0160 input "Wieviel Kugeln : ": kugelzahl
0170 for kugel:=1 to kugelzahl do
0180    index:=int((1+gefaesszahl)/2)
0190    for reihe:=1 to reihenzahl do
0200       x:=rnd(1,10)
0210       if x<5.5 then
0220          index:-.5
0230       else
0240          index:+.5
0250       endif
0260    endfor reihe
0270    feld(index):+1
0280 endfor kugel
0290 for index:=1 to gefaesszahl do
0300    print feld(index);
0310 endfor index
```

```
 Wieviel Nagelreihen (gerade Anzahl) :  6

Wieviel Kugeln :  100
3 10 26 33 19 6 3

 Wieviel Nagelreihen (gerade Anzahl) :  8

Wieviel Kugeln :  500
3 9 59 108 143 109 60 9 0
```

Beispiel 18: Mannschaftsauswahl (Josephus-Problem)

Aufgabenstellung:

In einer Schulklasse von 25 Schülern werden stets die gleichen Mannschaften gebildet. Um Veränderungen in die Mannschaftsaufstellungen zu bringen, läßt der Sportlehrer die Schüler im Kreis antreten und jeden siebenten Schüler fortlaufend auszählen. Die ausgezählten Schüler kommen in Mannschaft B und werden beim Weiterzählen übersprungen. Von den restlichen 13 Schülern bilden die ersten 12 Schüler die Mannschaft A, der 13. Schüler ist Ersatzspieler.

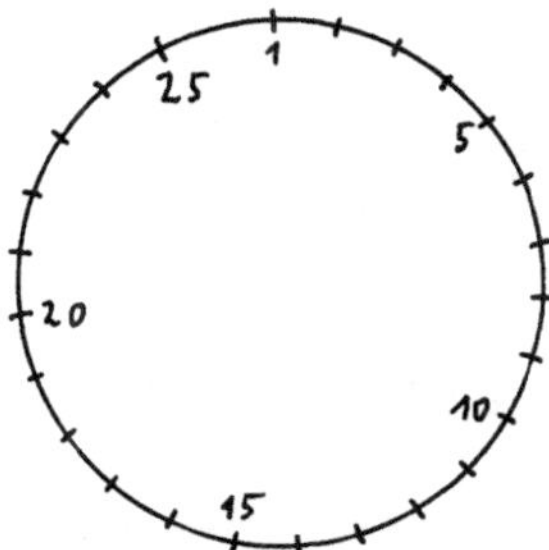

Aufzustellen ist ein Programm, das ermittelt, welche Schüler der Anfangsaufstellung in die Mannschaft B gelangen.

Hinweise/Erläuterungen:

Die Anfangsaufstellung wird symbolisiert durch ein Feld 'Kreis' mit 25 Elementen (Zeile 120). Vom Startpunkt 1 aus wird fortlaufend im Kreis gezählt (d.h. es wird vom Feldelement mit dem Index 1 bis zum Feldelement mit dem Index 25 gezählt), wobei nur die noch nicht ausgesonderten Schüler gezählt werden. Jeder siebente Schüler wird ausgezählt, d.h. in das zugehörige Feldelement wird eine 1 geschrieben.

Dieses 'im Kreis zählen' wird 12 mal durchgeführt; ist die Zahl der ausgesonderten Schüler jedoch bereits auf 12 gestiegen, so wird der Zählvorgang abgebrochen, siehe Zeile 180 und 210 .

Anschließend wird der Index jedes Feldelementes ausgedruckt, das eine 1 enthält.

Übungen:

Verallgemeinern Sie das Programm so, daß die Zahl der Schüler, die
Zählweite und die Anzahl der auszuzählenden Schüler beliebig
gewählt werden können.
Beachten Sie die Möglichkeit, daß die Zählweite auch einmal größer
sein kann als die Zahl der Schüler.

```
0018 // Beispiel 18
0100 // Mannschaftsauswahl
0110 //
0120 dim kreis(25)
0130 ausgesondert:=0; zaehler:=0
0140 for mannschaft'b:=1 to 12 do
0150    for stelle:=1 to 25 do
0160       if kreis(stelle)<>1 then zaehler:+1          zaehler:=0
0170       if zaehler=7 then kreis(stelle):=1; ausgesondert:+1;
0180       if ausgesondert=12 then goto ende
0190    endfor stelle
0200 endfor mannschaft'b
0210 ende:
0220 print "In die Mannschaft B aufgenommen werden :"
0230 print
0240 for stelle:=1 to 25 do
0250    if kreis(stelle)=1 then print stelle;
0260 endfor stelle
```

In die Mannschaft B aufgenommen werden :

2 3 4 6 7 11 12 14 17 19 21 22

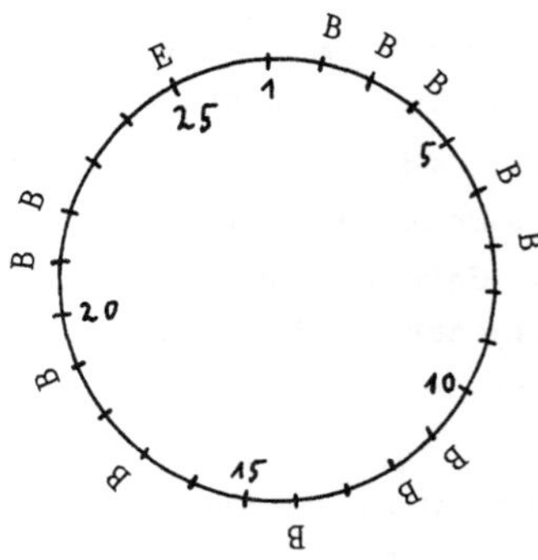

Beispiel 19: Umfüllproblem

Aufgabenstellung:

In einem Keller steht ein kleines Weinfaß, in dem sich noch einige
Lit r Wein befinden. Dieses Faß wird plötzlich leck, so daß der
verbleibende Wein umgefüllt werden muß. Im Keller lagern Flaschen
in drei unterschiedlichen Größen (x, y, z); es sind jeweils genug
Flaschen, um den Wein notfalls allein in eine Flaschensorte um-
füllen zu können.
Ein Programm ist zu formulieren, das für beliebige Restmengen Wein
und beliebige Flaschengrößen (Angaben jeweils in Litern) ausdruckt, auf welche Kombinationen von Flaschenzahlen der Weinrest
so abgefüllt werden kann, daß jede Flasche vollständig gefüllt
wird und kein Liter Wein im Faß verbleiben muß.

Hinweise/Erläuterungen:

Hier bietet sich das Arbeiten mit geschachtelten Zählschleifen an.
Man beginnt mit einer Flasche Größe x und einer Flasche Größe y
und läßt als innere Schleife die Anzahl der Flaschen Größe z
hochzählen. Innerhalb dieser Schleife werden die Flaschenzahlen
mit den Literangaben der Flaschen multipliziert; ist diese Zahl
gerade gleich der Literzahl des Weinrestes, so haben wir eine
zulässige Kombination gefunden und diese Kombination kann ausgedruckt werden.
Im nächsten Durchgang sind eine Flasche Größe x und zwei Flaschen
Größe y zu berücksichtigen; in der inneren Schleife wird wiederum
die Zahl der Flaschen der Größe z von 1 bis zur Höchstzahl berücksichtigt.
Dieses Verfahren ist bis zur Höchstzahl der Flaschen Größe x zu
wiederholen; erreicht wird dies durch die geschachtelten Zählschleifen der Zeilen 200 - 260.

Die Höchstzahl jedes Flaschentyps läßt sich ermitteln, indem man
die Literzahl des Weinrestes durch die jeweilige Flaschengröße
teilt; der ganzzahlige Ergebnisteil bildet die Höchstzahl, siehe
Zeilen 200 - 220 : 'liter div fg.' . (Beispiel: 100 Liter Wein
umgefüllt auf 3-Liter-Flaschen ergibt 33 1/3 Flaschen; maximal 33
Flaschen können also vollständig gefüllt werden).

Übungen:

Formulieren Sie nach diesem Muster ein Programm, mit dessen Hilfe
ein Busreiseunternehmen z.B. für einen Betriebsausflug feststellen
kann, welche Kombination der verschiedenen vorhandenen Busgrößen
einsetzbar sind. Berücksichtigen Sie dabei unterschiedliche Kosten
pro Bus und lassen Sie die preisgünstigste Alternative ausdrucken.

Anschließend könnten Sie das Programm so abändern, daß für den
Fall, daß keine Buskombination vollständig mit der Zahl der Be-
triebsangehörigen gefüllt werden kann, diejenige Alternative
ausgegeben wird, die die geringsten Leerplätze beinhaltet.

```
0019 // Beispiel 19
0100 // Umfüllproblem
0110 input "Wieviel Liter Wein sind im Faß ? ": liter
0120 print "Welche Flaschengrößen stehen zur Verfügung:";
0130 input fg1,fg2,fg3
0140 print
0150 print liter;"Liter lassen sich wie folgt umfüllen :"
0160 print
0170 zone 10
0180 print fg1;"Liter",fg2;"Liter",fg3;"Liter"
0190 print
0200 for x:=1 to liter div fg1 do
0210   for y:=1 to liter div fg2 do
0220     for z:=1 to liter div fg3 do
0230       if fg1*x+fg2*y+fg3*z=liter then print x,y,z
0240     endfor z
0250   endfor y
0260 endfor x
```

```
Wieviel Liter Wein sind im Faß ?  20
Welche Flaschengrößen stehen zur Verfügung: 234

20 Liter lassen sich wie folgt umfüllen :

2 Liter    3 Liter    4 Liter

1          2          3
2          4          1
3          2          2
5          2          1

Wieviel Liter Wein sind im Faß ?  20
Welche Flaschengrößen stehen zur Verfügung: 345

20 Liter lassen sich wie folgt umfüllen :

3 Liter    4 Liter    5 Liter

1          3          1
2          1          2
```

Beispiel 20: Logikaufgabe

Aufgabenstellung:

Für folgendes Problem ist unter Aufstellung einer Wahrheitswertetafel eine Lösung zu ermitteln und auszudrucken.

Zur Vorbereitung einer Klassenfahrt soll ein Ausschuß gebildet
werden. Grundsätzlich haben sich Alfred (A), Beate (B), Claus (C)
und Doris (D) zur Verfügung gestellt.

Damit dieser Ausschuß effektiv arbeiten kann, sind folgende Bedingungen zu berücksichtigen:

1) C und D haben nur gemeinsam Ideen.

2) Falls B mitarbeitet, darf A nicht Mitglied sein;
   es kann nur eine(r) von beiden mitarbeiten.

3) D ist nur bereit, mitzuarbeiten, wenn auch A
   dabei ist; ohne A kommt D nicht.

Wie ist der Ausschuß unter diesen Bedingungen zusammenzusetzen ?

Verfahren:

Eine Wahrheitswertetafel hat im Prinzip folgendes Aussehen:

a	b	c	x1	x1
0	0	0	0	0
0	0	1	0	1
0	1	0	0	1
0	1	1	0	1
1	0	0	0	1
1	0	1	1	1
1	1	0	1	0
1	1	1	0	0

a, b, c mögen Aussagen symbolisieren , wobei eine 1 in der Spalte
unter a besagt, daß Aussage a erfüllt ist; eine 0 dort besagt, daß
Aussage a nicht erfüllt ist. In unserem Fall könnte a die Aussage
symbolisieren 'Alfred ist Kommisionsmitglied'; tritt dieser Fall
ein, wird das durch eine 1 unter a dargestellt.

x1 und x2 mögen Bedingungen sein, die zu erfüllen sind. Aus der
Tabelle ist ablesbar, daß die Bedingung 1 nur in den Situationen
erfüllt ist, die durch die 6. und 7. Zeile dargestellt sind;
Bedingung 2 ist nur in der 1., 7. und 8. Zeile nicht erfüllt.

Beide Bedingungen gemeinsam sind nur in der durch Zeile 6 dargestellten Situation erfüllt.

Nähere Informationen über Konstruktion und Interpretation solcher
Tafeln finden Sie in jedem Schul- bzw. Lehrbuch zur Booleschen
Algebra.

In unserem Fall ist eine Tafel zu erstellen, die die Variablen a,
b, c, und d umfaßt, wobei eine 1 in der betreffenden Spalte
symbolisieren möge, daß der betreffende Schüler Mitglied der
Kommission ist. Weiterhin sind drei Bedingungen zu berücksichtigen; in einer 4. Bedingungsspalte möge ausgegeben werden, ob die
drei Bedingungen gleichzeitig erfüllt sind oder nicht.

Die Ziffern in den Spalten unter a, b, c und d lassen sich sehr
einfach mit 4 geschachtelten Schleifen erzeugen, wobei die
Zählvariable jeweils von 0 bis 1 oder hier, der äußeren Form
wegen, von FALSE = 0 nach TRUE = 1 läuft. (FALSE und TRUE sind
vordefinierte Konstanten mit den hier angegebenen Werten).

In der innersten Schleife stehen dann jeweils die ersten 4 Eintragungen einer Zeile zur Verfügung. Nun sind die oben aufgeführten Bedingungen mit Hilfe von AND, OR und NOT zu formulieren
(Zeilen 210 - 240) und der so ermittelte Wahrheitswert ist für
jede Einzelbedingung und für die Gesamtbedingung in die restlichen
4 Stellen der Zeile einzufügen.

Wenn die Gesamtbedingung erfüllt ist, ist die betreffende Situation als mögliche Lösung auszudrucken, Zeile 270 .

Damit die Namen im Klartext ausgegeben werden können, wurde eine
Ausgabeprozedur formuliert; innerhalb des Hauptprogrammes hätten
diese Zeilen evtl. die Übersichtlichkeit verringert.

Übungen:

Ändern Sie das Programm so ab, daß sämtliche möglichen Lösungen
zwischengespeichert und erst nach Ausdruck der vollständigen
Tabelle ausgegeben werden, um die Tabelle nicht - wie hier
geschehen - in mehrere Teile zu zerlegen.

```
0020 // Beispiel 20
0100 // Logikaufgabe
0110 //
0120 zone 6
0130 print "A","B","C","D","Bed 1","Bed 2","Bed 3","Ges."
0140 print
0150 for a:=false to true do
0160   for b:=false to true do
0170     for c:=false to true do
0180       for d:=false to true do
0190         zone 6
0200         // Bedingungen formulieren
0210         bed'1:=c and d
0220         bed'2:=((not a) and b) or (a and (not b))
0230         bed'3:=a or (a and d)
0240         gesamt:=bed'1 and bed'2 and bed'3
0250         // Ende Bedingungen
0260         print a,b,c,d,bed'1,bed'2,bed'3,gesamt
0270         if gesamt=true then ausdruck
0280       endfor d
0290     endfor c
0300   endfor b
0310 endfor a
0320 //
0330 proc ausdruck
0340   zone 10
0350   print
0360   print "Zulässig : ";
0370   if a=true then print "Alfred ",;
0380   if b=true then print "Beate ",;
0390   if c=true then print "Claus ",;
0400   if d=true then print "Doris"
0410   print
0420 endproc ausdruck
```

A	B	C	D	Bed 1	Bed 2	Bed 3	Ges.
0	0	0	0	0	0	0	0
0	0	0	1	0	0	0	0
0	0	1	0	0	0	0	0
0	0	1	1	1	0	0	0
0	1	0	0	0	1	0	0
0	1	0	1	0	1	0	0
0	1	1	0	0	1	0	0
0	1	1	1	1	1	0	0
1	0	0	0	0	1	1	0
1	0	0	1	0	1	1	0
1	0	1	0	0	1	1	0
1	0	1	1	1	1	1	1
Zulässig : Alfred Claus Doris							
1	1	0	0	0	0	1	0
1	1	0	1	0	0	1	0
1	1	1	0	0	0	1	0
1	1	1	1	1	0	1	0

Beispiel 21: π / Monte Carlo-Methode

Aufgabenstellung:

Die Verhältniszahl π soll mit Hilfe von Zufallsexperimenten
ermittelt werden.

Verfahren:

π setzt den Radius mit dem Umfang bzw. mit der Fläche eines
Kreises in Beziehung. So ergibt sich z. B. die Kreisfläche als
Quadrat des Kreisradius, multipliziert mit π.

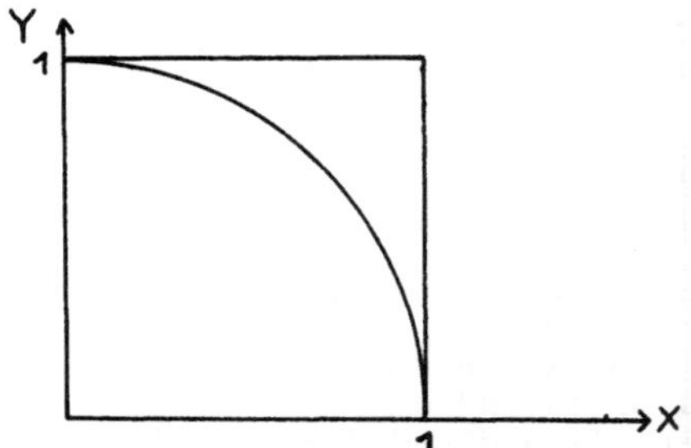

In der obenstehenden Zeichung ist ein Viertelkreis mit dem Radius
r = 1 eingetragen. Für r = 1 ergibt sich die Kreisfläche mit π,
die des Viertelkreises also mit π/4 .

Beim Verfahren zur Ermittlung von π mit Hilfe von Zufallsexperimenten kann man nun so vorgehen, daß man jeweils Paare von Zufallszahlen aus dem Intervall von 0 bis 1 bilden läßt. Diese
Zahlen werden als Koordinaten eines Punktes interpretiert und (in
Gedanken) in die obige Zeichnung eingetragen. Dabei ergeben sich
stets Punkte, die innerhalb oder auf dem Rand des einskizzierten
Quadrates liegen.
Wenn genügend Zahlenpaare gebildet werden, deren zugehörige Punkte
zufällig über die Gesamtfläche des Quadrates verteilt sind, dann
kann man das Verhältnis von Kreisfläche zur Gesamtfläche des
Quadrates angenähert durch das Verhältnis der Zahl der Punkte im
und auf dem Kreisbogen zur Zahl der Punkte im gesamten Quadrat
ausdrücken.
Da die Quadratfläche die Größe 1 hat, muß für den Fall, daß n
Punkte gebildet werden, gelten:

$$\frac{1}{\pi/4} = \frac{n}{\text{Kreispunkte}}$$

Aus dem Kehrwert ergibt sich:

$$\pi = \frac{\text{Kreispunkte} * 4}{n}$$

Hinweise/Erläuterungen:

Zur Bildung von Zufallszahlen wird nicht RND(x) gewählt, da hierbei nur Zahlen im Intervall größer Null bis 1 einschließlich berücksichtigt würden.
Stattdessen werden durch RND(0,10) Zufallszahlen im Intervall von 0 bis 10 jeweils einschließlich der Intervallgrenzen gebildet und diese anschließend durch 10 dividiert, um die gewünschten Intervallgrenzen zu erhalten.

Übungen:

Ermitteln Sie auf analoge Weise die Größe der Fläche, die im Intervall von 0 bis 1 zwischen dem Graphen der Parabel

$$f(x) = x^2$$

und der x-Achse liegt.

```
0021 // Beispiel 21
0100 // Programm      / Monte Carlo -Methode
0110 //
0120 print chr$(147) // Schirm löschen
0130 print "π wird mit Hilfe von Zufallszahlenpaaren berechnet. "
0140 input "Wieviel Zahlenpaare sollen berücksichtigt werden ? ": n
0150 //
0160 kreispunkte:=0
0170 for punktpaar:=1 to n do
0180   x:=(rnd(0,10)/10)
0190   y:=(rnd(0,10)/10)
0200   if x↑2+y↑2<=1 then kreispunkte:+1
0210 endfor punktpaar
0220 pi:=kreispunkte*4/n
0230 //
0240 print
0250 print "Ergebnis nach";n;"Zahlenpaaren: π =";pi
0260 //
```

Ergebnis nach 50 Zahlenpaaren: π = 2.8

Ergebnis nach 100 Zahlenpaaren: π = 3.04

Ergebnis nach 150 Zahlenpaaren: π = 2.96

Beispiel 22: π / Teilsummenbildung

Aufgabenstellung:

Die Verhältniszahl π soll durch Bildung von Teilsummen näherungsweise berechnet werden.

Verfahren:

Die Zahl π läßt sich z.B. nach Euler (siehe Engel 1977, S. 86)
etwa mit Hilfe der Formeln

$$\pi = \sqrt[2]{\left(1 + \frac{1}{2\uparrow2} + \frac{1}{3\uparrow2} + \frac{1}{4\uparrow2} + \frac{1}{5\uparrow2} + \ldots\right)* 6}$$

oder

$$\pi = \sqrt[4]{\left(1 + \frac{1}{2\uparrow4} + \frac{1}{3\uparrow4} + \frac{1}{4\uparrow4} + \frac{1}{5\uparrow4} + \ldots\right)* 90}$$

näherungsweise ermitteln.

Diese Verfahren haben im Unterschied zum Monte-Carlo-Verfahren den
Vorteil, daß mit einer Erhöhung des Arbeitsaufwandes zumindest
kein ungenaueres Ergebnis erzielt wird.

Hinweise/Erläuterungen:

Wenn in den obigen Summenformeln das erste Glied als $1/1\uparrow2$ bzw.
$1/1\uparrow4$ geschrieben wird, lassen sich die aufgeführten Summen bis zu
einer gewünschten Anzahl von Gliedern vollständig im Rahmen einer
Zählschleife bilden und aufaddieren. Der Anfangswert muß vorher
auf Null gesetzt werden; COMAL nimmt sonst irgendwelche zufälligen
Werte.
Um den Schirm oder das Papier nicht mit endlosen Zahlenkolonnen zu
bedecken, soll ein Zwischenergebnis nur bei jedem 100sten Durchlauf ausgedruckt werden; dies wird dadurch erreicht, daß in Zeile
160 nur bei vollen Hunderten der Laufvariablen die Druckprozedur
ab Zeile 190 aufgerufen wird.

Übungen:

Ich benutze gern folgende Formel:

$$\pi = \sqrt[6]{\left(1 + \frac{1}{2\uparrow 6} + \frac{1}{3\uparrow 6} + \frac{1}{4\uparrow 6} + \frac{1}{5\uparrow 6} + \frac{1}{6\uparrow 6} + \ldots\right) * 945}$$

(Die Quelle ist leider im Laufe der Jahre verloren gegangen).

Testen Sie die Formel einmal und variieren Sie die Ausdruckhäufig-
keit der Zwischenergebnisse sinnvoll.

```
0022 // Beispiel 22 / 01
0100 // π - Teilsummen 01
0110 //
0120 summe:=0
0130 input "Anzahl der Summanden  : ": anzahl
0140 for summand:=1 to anzahl do
0150    summe:+1/summand↑2
0160    if summand mod 100=0 then ausgabe
0170 endfor summand
0180 //
0190 proc ausgabe
0200    pi:=sqr(summe*6)
0210    print "Ergebnis Durchlauf ";summand;"  : π = ";pi
0220    print
0230 endproc ausgabe
```

Ergebnis Durchlauf 100   : π = 3.13207651

Ergebnis Durchlauf 200   : π = 3.13682626

Ergebnis Durchlauf 300   : π = 3.13841318

Ergebnis Durchlauf 400   : π = 3.13920732

Ergebnis Durchlauf 500   : π = 3.13968401

Beispiel 23: Endlosdivision

Aufgabenstellung:

Das Ergebnis der Division zweier ganzer Zahlen soll mit beliebiger
Stellenzahl errechnet und ausgegeben werden.

Verfahren:

Das gewünschte Ergebnis wird so zusammengesetzt, daß zunächst der
Vorkommateil als Ergebnis einer Ganzzahldivision ermittelt und mit
einem nachfolgenden Komma gedruckt wird. Anschließend wird der
ganzzahlige Rest dieser Division mit 10 multipliziert und bildet
den neuen Dividenden. Das Ergebnis der Ganzzahldivision dieses
neuen Dividenden mit dem Divisor bildet die erste Nachkommastelle.
Der ganzzahlige Rest wird mit 10 multipliziert und eine erneute
Division ergibt die zweite Nachkommastelle usw.

Dieser stets wiederkehrende Teil wurde hier als Prozedur in den
Zeilen 250 - 280 formuliert.

Hinweise/Erläuterungen:

Angewandt wurde im Hinblick auf die vorgeschlagene Übung eine
repeat-until-Schleife. Genausogut hätte man natürlich eine Zählschleife verwenden können.

Übungen:

Verwenden Sie statt der repeat-until- eine while-endwhile-
Schleife.

Wandeln Sie das Programm so ab, daß die Durchführung abgebrochen
wird, wenn eine Periode von mindestens 3 Stellen auftritt.

```
0023 // Beispiel 23
0100 // Endlosdivision
0110 //
0120 input " Dividend : ": dividend
0130 input " Divisor   : ": divisor
0140 input " Nachkommastellen : ": stellenzahl
0150 //
0160 teile
0170 print teil,",",
0180 zaehler:=0
0190 repeat
0200    teile
0210    print teil,
0220    zaehler:+1
0230 until zaehler=stellenzahl
0240 //
0250 proc teile
0260    teil:=dividend div divisor
0270    dividend:=10*(dividend mod divisor)
0280 endproc teile
```

```
Dividend :   10
Divisor  :   11
Nachkommastellen :   20
0,90909090909090909090

Dividend :   356
Divisor  :   340
Nachkommastellen :   40
1,0470588235294117647058823529411764705882
```

```
0024 // Beispiel 24
0100 // Eulersche Zahl
0110 //
0120 summe:=1
0130 input " Wieviel Glieder sind zu addieren ? ": anzahl
0140 for summand:=1 to anzahl do
0150    summe:+1/fakultaet(summand)
0160 endfor summand
0170 print "Eulersche Zahl ca.  ";summe
0180 //
0200 func fakultaet(zahl) closed
0210    produkt:=1
0220    for faktor:=1 to zahl do
0230       produkt:=produkt*faktor
0240    endfor faktor
0250    return produkt
0260 endfunc fakultaet
```

```
 Wieviel Glieder sind zu addieren ?
10
Eulersche Zahl ca.   2.7182818


 Wieviel Glieder sind zu addieren ?  15
Eulersche Zahl ca.   2.71828182


 Wieviel Glieder sind zu addieren ?  20
Eulersche Zahl ca.   2.71828182
```

Beispiel 24: Eulersche Zahl

Aufgabenstellung:

Die Eulersche Zahl, die z.B. bei organischen Wachstumsprozessen
eine Rolle spielt, läßt sich formulieren als:

$$e = 1 + \frac{1}{1!} + \frac{1}{2!} + \frac{1}{3!} + \frac{1}{4!} + \dots$$

Hierbei bedeutet z.B. 3! (3 Fakultät) : 1*2*3

Es ist ein Programm zu schreiben, das die Zahl e bis zu einer einzugebenden Anzahl von Gliedern ermittelt.
Dabei soll der benötigte Fakultätswert jeweils im Rahmen einer geschlossenen Funktion gebildet und dem Hauptprogramm zur Verfügung
gestellt werden. Die Funktion ist geschlossen zu formulieren, um
sie problemlos in anderen Programmen verwenden zu können.

Hinweise/Erläuterungen:

Die Bildung von n! geschieht durch fortgesetzte Multiplikation
der natürlichen Zahlen von 1 bis n in einer Zählschleife; Zeilen
220 - 240 . An das Hauptprogramm wird der ermittelte Wert in Zeile
250 zurückgegeben.

Übungen:

Bei diesem Programm wurde mit einem Startwert 'summe = 1' begonnen, um die 1 rechts von Gleichheitszeichen der Formel für die
Eulersche Zahl berücksichtigen zu können.
Wenn man bedenkt, daß 0! als 1 definiert ist, läßt sich auch diese
1 leicht in die Zählschleife des Hauptprogrammes integrieren, so
daß man mit einem Startwert 'summe = 0' beginnen kann.

Muß in diesem Fall die in den Zeilen 200 bis 260 formulierte Funktion geändert werden? Falls dies der Fall ist, ändern Sie sie
bitte.

Beispiel 25: G G T

Aufgabenstellung:

Für zwei einzugebende Zahlen ist der größte gemeinsame Teiler
(GGT) zu ermitteln. Die notwendigen Rechenschritte sind als
geschlossene Funktion zu formulieren.

Verfahren:

Angewandt werden soll das Euklidsche Verfahren der fortgesetzten
Division:

```
    64 : 12 = 5 Rest 4
    12 :  4 = 3 Rest 0        (GGT = 4 )
```

Nach jeder erfolgten Division wird der Divisor zum neuen Dividen-
den; der Rest der erfolgten Ganzzahldivision wird neuer Divisor.
Für den Fall Rest = 0 ist die Lösung gefunden, der aktuelle
Divisor ist der größte gemeinsame Teiler der Zahlen 64 und 12.

Hinweise/Erläuterungen:

Das Abbruchkriterium wird am Ende der Wiederholungsschleife geprüft. In dieser Situation ist aber der bisherige Divisor bereits
umgespeichert, um in einer neuen (nicht mehr erfoderlichen) Runde
als Dividend genutzt zu werden. Daher wird in der durch die Zeilen
170 - 240 formulierten Funktion der Wert des Dividenden an das
Programm zurückgegeben, Zeile 230.

Übungen:

Erweitern Sie das Programm folgendermaßen:

- Falls Divisor und Dividend teilerfremd sind, soll dies auch
  als Text ausgegeben werden.

- Sorgen Sie dafür, daß bei der Eingabe nur ganze Zahlen
  akzeptiert werden.

```
0025 // Beispiel 25
0100 // G G T
0110 //
0120 input "Dividend : ": dividend
0130 input "Divisor  : ": divisor
0140 print
0150 print "Der GGT von ";dividend;"und ";divisor
0160 print "beträgt :";ggt(dividend,divisor)
0170 func ggt(dividend,divisor) closed
0180   repeat
0190     rest:=dividend mod divisor
0200     dividend:=divisor
0210     divisor:=rest
0220   until rest=0
0230   return dividend
0240 endfunc ggt
```

```
Dividend :  45          Dividend :  46
Divisor  :  15          Divisor  :  12

Der GGT von  45 und  15 Der GGT von  46 und 12
beträgt : 15            beträgt : 2
```

```
Dividend :  99
Divisor  :  13

Der GGT von  99 und  13
beträgt : 1
```

Wie im Abschnitt 4.2 erläutert, können selbstdefinierte Funktionen
wie Standardfunktionen genutzt werden. Standardfunktionen lassen
sich schachteln - damit muß auch der in Zeile 160 des folgenden
Demo-Programmes formulierte Aufruf zulässig sein.

```
0100 input "1. Zahl    ": a
0110 input "2. Zahl  : ": b
0120 input "3. Zahl  : ": c
0130 input "4. Zahl  : ": d
0140 print
0150 print "Der GGT von ";a;" , ";b;" , ";c;" , ";d;"   beträgt :";
0160 print ggt(ggt(a,b),ggt(c,d))
0170 func ggt(dividend,divisor) closed
0180   repeat
0190     rest:=dividend mod divisor
0200     dividend:=divisor
0210     divisor:=rest
0220   until rest=0
0230   return dividend
0240 endfunc ggt
```

```
Der GGT von  35 ,  14 ,  77 ,  49    beträgt : 7
```

Beispiel 26: Bruch kürzen

Aufgabenstellung:

Zähler und Nenner eines einzugebenden Bruches sollen gekürzt
ausgegeben werden. Dabei sollen sowohl die eingegebenen als auch
die gekürzten Zähler und Nenner in der üblichen Bruchschreibweise
ausgegeben werden.

Verfahren:

Zähler und Nenner sind getrennt einzugeben. Anschließend werden in
den Zeilen 150 bis 160 die eingegebenen und die durch den GGT
dividierten Werte ausgegeben; da der GGT im Rahmen einer Funktion
ermittelt wird, kann der Ausdruck GGT(,) wie eine normale
Standardfunktion genutzt werden. Bruchstriche, Gleichheitszeichen
und Zahlen werden mittels der TAB( )-Funktion positioniert.

Übungen:

Lassen Sie zur Kontrolle den verwendeten GGT mit ausgeben.

```
0026 // Beispiel 26
0100 // Bruch kürzen
0110 //
0120 input "Zähler    : ": zaehler
0130 input "Nenner    : ": nenner
0140 print
0150 print "  ";zaehler;tab(20);zaehler/ggt(zaehler,nenner)
0160 print "------------";tab(15);"=  --------------------"
0170 print "  ";nenner;tab(20);nenner/ggt(zaehler,nenner)
0180 //
0190 func ggt(dividend,divisor) closed
0200   repeat
0210     rest:=dividend mod divisor
0220     dividend:=divisor
0230     divisor:=rest
0240   until rest=0
0250   return dividend
0260 endfunc ggt
```

```
Zähler   : 99              Zähler   : 46
Nenner   : 13              Nenner   : 82


    99              99              46              23
------------  =  --------------  ------------  =  --------------
    13              13              82              41
```

Beispiel 27: Pascalzahlen

Aufgabenstellung:

Das Pascalsche Dreieck der Binomialkoeffizienten ist bis zu einer
gewünschten Zeile auszudrucken, z.B.:

```
                1
              1   1
            1   2   1
          1   3   3   1
        1   4   6   4   1
      1   5   10  10  5   1
```

Die Koeffizienten sollen im Rahmen einer Funktion ermittelt werden.

Verfahren:

Die einzelnen Zahlen dieses Dreieckes lassen sich nach dem Bildungsgesetz:

$$\text{pascal}(m,n) = \frac{m-n+1}{n} * (\text{pascal}(m,\ n-1))$$

$$\text{mit}: \quad \text{pascal}(m,0) = 1$$

ermitteln, wobei m den Zeilenindex und n den Spaltenindex angibt,
beide mit 0 beginnend.
Die Eigenschaften der zu formulierenden Funktion lassen sich daher
wie folgt beschreiben:
- falls n = 0 ist ist die 1 als Funktionswert zurückzugeben
- andernfalls ist der Term ((m-n+1/n)*pascal(m,n-1)
  zurückzugeben.
Damit ruft sich die Funktion pascal(m,n) im zweiten Fall mit geänderten Werten erneut auf - es liegt eine rekursiv formulierte
Funktion vor.

Im Hauptprogramm sollen die so ermittelten Funktionswerte in der
oben skizzierten formalen Darstellung bis zu einer gewünschten
Zeilenzahl aufgelistet werden.

Hinweise/Erläuterungen:

Da der Benutzer vermutlich die erste 1 an der Spitze des Dreieckes
als Zeile 1 zählen wird, ist in Zeile 180 eine entprechende Korrektur der eingegebenen Zeilenzahl vorgenommen worden.
Die Schreibposition wird in Zeile 200 abhängig von der gerade bearbeiteten Zeile (m) und der Spalte (n) mittels TAB( ) berechnet.

Übungen:

Der Wunsch nach 10 Zeilen des Pascalschen Dreiecks führt beim
unten formulierten Programm zwar zum Erfolg, es wird allerdings
dreimal statt der zu fordernden '1' die 0.999999999 ausgedruckt.

Bereinigen Sie dies bitte, indem Sie
- entweder berücksichtigen, daß sämtliche zu berechnenden Zahlen
  nur ganzzahlig sein können und Ihre Wahl der Variablen darauf
  ausrichten, oder
- indem Sie nur die linke Hälfte des Dreieckes berechnen lassen
  und die Werte der linken Hälfte einer Zeile spiegelsymmetrisch
  auch auf der rechten Hälfte der Zeile ausdrucken lassen.

```
0027 // Beispiel 27 / 01
0100 // Pascalzahlen  / Rekursiv  /reell
0110 // pascal(m,0) = 1
0120 // pascal(m,n) =(m-n+1/n*pascal(m,n-1)
0130 //
0140 print chr$(147)                                    stellen ?"
0150 print "Wieviel Zeilen des Pascal'schen Dreiecks sind darzu
0160 input zeilenzahl
0170 print
0180 for m:=0 to zeilenzahl-1 do
0190    for n:=0 to m do
0200      print tab(35-3*m+6*n);pascal(m,n);
0210    endfor n
0220    print
0230 endfor m
0240 //
0250 //
0260 func pascal(m,n)
0270    if n=0 then
0280      return 1
0290    else
0300      return ((m-n+1)/n)*pascal(m,n-1)
0310    endif
0320 endfunc pascal
0330 //
```

Beispiel 28: Ackermann-Funktion

Aufgabenstellung:

Es ist ein Programm zu formulieren, mit dessen Hilfe Funktionswerte der Ackermannfunktion

$$f(0,n) = n+1$$
$$f(m,0) = f(m-1,1)$$
$$f(m,n) = f(m-1,f(m,n-1))$$

ermittelt und ausgedruckt werden können.

Verfahren:

Auch hier bietet sich an, eine Funktion zu formulieren, in deren
Rahmen der gesuchte Wert ermittelt und an das Hauptprogramm zurückgegeben wird.
Bei dieser Funktion sind drei Fälle zu unterscheiden:
- Ist m = 0, so ist als Funktionswert n+1 zurückzugeben
- ist n = 0, so ist als Funktionswert der Wert von
          ackermann(m-1,1) zurückzugeben
- andernfalls ist als Funktionswert der Wert von
          ackermann(m-1, ackermann((m, n-1)) zurückzugeben.

Auch hier liegt in zwei der drei Fälle ein rekursiver Aufruf vor.

Hinweise/Erläuterungen

Bei Benutzung der Version 0.14 stiegt die cbm 8296-D bereits ab
ackermann(3,3) mit der Meldung 'stack overflow' aus, da meine
Version nicht den gesamten Speicherbereich verwaltet und nur ca.
5 KB für Programme und Daten frei läßt.
Bei Benutzung einer 2.0-Version, die ca. 38 KB frei läßt, ließen
sich Funktionswerte bis ackermann(3,6) ermitteln, ab (3,7) war
auch hier der 'Speicher übergelaufen', da ja bei jedem erneuten
Aufruf der Funktion eine Kopie des gerade bearbeiteten Arbeits-
blattes erstellt wird und für die Verwaltung dieser Kopien halt
Platz benötigt wird.

Übungen:

Schreiben Sie einmal die zur Ermittlung von ackermann(2,1)
erforderlichen Schritte systematisch auf und formulieren Sie
anschließend ein Programm, das ohne rekursive Aufrufe auskommt.
Sie werden feststellen, daß Sie hierbei die Verwaltung der
aufzubewahrenden Zwischenwerte sowie der Schachtelungstiefe selbst
organisieren müssen.
Ein entsprechender Programmvorschlag befindet sich auf der Diskette - Programm Ackermann goto. Dieses Programm ermittelt selbst
mit meiner 0.14-Version den korrekten Wert von Ackermann(3,6).

```
0028 // Beispiel 28 / 01
0100 //Ackermann-Funktion
0110 // f(0,n) = n + 1   //
0120 // f(m,0) = f(m-1,1)   //
0130 // f(m,n) = f(m-1,f(m,n-1)) //
0140 //
0150 input "Funktionsargumente  m, n :": m,n
0160 print "Ackermann von (",m,",",n,") = ";ackermann(m,n)
0170 //
0180 func ackermann(m,n)
0190   if m=0 then
0200     return n+1
0210   elif n=0 then
0220     return ackermann(m-1,1)
0230   else
0240     return ackermann(m-1,ackermann(m,n-1))
0250   endif
0260 endfunc ackermann
```

```
          Ackermann von (3,3) =   61


          Ackermann von (3,4) =   125


          Ackermann von (3,5) =   253



          Mittels 'Ackermann-goto' unter

          Version 2.0 ermittelt :

          Ackermann von (3,7) =   1021
```

Beispiel 29: Rechentrainer

Aufgabenstellung:

Ein Programm soll Zufallsaufgaben folgender Form liefern und im
Dialog die Lösungsversuche kommentieren:

$$58 : 6 = \quad 9 \quad Rest \ 4$$

Dabei soll der Dividend zwischen 9 und 99 einschließlich liegen;
der Divisor ist so zu wählen, daß das Ergebnis der ganzzahligen
Division nicht größer als 9 wird.

Für die Lösung jeder Aufgabe hat man maximal drei Versuche; danach
wird das korrekte Ergebnis erforderlichenfalls angezeigt.
Die Vorgänge 'Aufgabe bilden', 'Aufgabe stellen' und 'Ergebnis auf
Korrektheit prüfen' sollen als eigenständige Prozeduren formuliert
werden.
Insgesamt sollen 5 derartige Aufgaben in einem Programmdurchlauf
erzeugt werden.

Verfahren:

Dividend und Divisor werden als Zufallszahlen Y1 und Y2 gebildet;
der Dividend als Zahl im Intervall von 9 bis 99, der Divisor in
den Grenzen von einem Zehntel des Dividenden plus eins und der
Obergrenze 10, um der genannten Bedingung zu genügen. In einer
Wiederholungsschleife werden die Versuche mitgezählt. Außerdem
wird bei jeder neuen Aufgabe der Dividend mit dem entsprechenden
Wert der vorherigen Aufgabe (gespeichert unter 'divisor'alt')
verglichen; die Erzeugung der Zufallszahlen wird bei jeder Aufgabe
solange wiederholt, bis der Dividend von dem der Voraufgabe
unterschiedlich ist; Zeilen 360 - 400 .

Übungen:

Ergänzen Sie das Programm so, daß bei Fehllösungen Hilfen gegeben
werden in der Form :'Diese Zahl ist zu hoch / viel zu hoch' bzw.
entsprechend zu tief.

```
0029 // Beispiel 29
0100 // Rechentrainer
0110 print chr$(147)
0120 print "5 Aufgaben mit 3 Versuchen"
0130 print
0140 divisor'alt:=0
0150 for aufgabe:=1 to 5 do
0160   aufgabe'bilden
0170   versuche:=0
0180   repeat
0190     aufgabe'stellen'und'ergebnis'erfragen
0200     versuche:+1
0210     korrektheit'pruefen
0220     if ergebnis'korrekt then
0230       print " Prima, das war  richtig !"
0240     else
0250       print "Leider falsch"
0260     endif
0270   until ergebnis'korrekt or versuche=3
0280   if not ergebnis'korrekt then                    ";rest'korrekt
0290     print " Das korrekte Ergebnis lautet : ";zahl'korrekt;"Rᴈst
0300   endif
0310 endfor aufgabe
0320 //
0330 proc aufgabe'bilden
0340   print
0350   print
0360   repeat
0370     y1:=rnd(9,99)
0380     y2:=rnd((y1 div 10)+1,10)
0390   until y1<>divisor'alt
0400   divisor'alt:=y1
0410 endproc aufgabe'bilden
0420 proc aufgabe'stellen'und'ergebnis'erfragen
0430   print y1," : ",y2," = ";
0440   input zahl;
0450   print "Rest : ";
0460   input rest
0470 endproc aufgabe'stellen'und'ergebnis'erfragen
0480 proc korrektheit'pruefen
0490   zahl'korrekt:=y1 div y2; rest'korrekt:=y1 mod y2
0500   ergebnis'korrekt:=(zahl=zahl'korrekt and rest=rest'korrekt)
0510 endproc korrektheit'pruefen



            60 : 9 =  5 Rest :  6
            Leider falsch
            60 : 9 =  5 Rest :  4
            Leider falsch
            60 : 9 =  6 Rest :  5
            Leider falsch
             Das korrekte Ergebnis lautet :  6 Rest  6
```

Beispiel 30: Lösung eines Gleichungssystems

Aufgabenstellung:

Zu formulieren ist ein Programm, das die Lösungen beispielsweise
folgenden Gleichungssystems ermittelt:

```
3a  + 12b  - 15c  - 10d  = -128
2a  + 0.5b + 18c         =    0
1a  +  5b        -  4d   =   14
5a  + 16b  -  9c + 12d   =    5
```

Ein solches Gleichungssystem ist dann lösbar, wenn es mindestens
so viele voneinander unabhängige Gleichungen hat wie Variable
(hier a, b, c, d) zu ermitteln sind. Im Schulbereich kommen solche
Aufgaben im Bereich der Differential- und Integralrechnung beim
Aufbau von Funktionsgleichungen aus Teilangaben häufig vor.
Das eigentliche Problem bei diesen Aufgaben ist gelöst, wenn die
Bestimmungsgleichungen (s.o.) ermittelt sind; der Rest ist
Routine, die man gut einem Computer übertragen kann.

Verfahren:

Formal kann ein solches Gleichungssystem als Koeffizientenmatrix
aufgestellt werden, wobei durch die Stellung des Koeffizienten
innerhalb der Matrixzeile die Zugehörigkeit zu den Variablen a, b,
c und d festgelegt wird.

```
   a       b       c       d     =  Ergebnisterm
-----------------------------------------------------
   3      12      -15     -10      -128
   2      0.5      18       0         0
   1       5        0      -4        14
   5      16       -9      12         5
```

Die erste Zeile ist also zu lesen als:

```
   3a  + 12b     -15c    -10d  = -128
```

Mit diesen Zeilen kann man umgehen wie mit den entsprechden Gleichungen: man kann sie mit Faktoren multiplizieren, dividieren; man
kann Gleichungen addieren und subtrahieren.

Wenn es auf diese Weise gelingt, die obige Matrix mittels Zeilen-
operationen in eine Matrix umzuwandeln, in der nur auf der Diagonalen die Ziffer 1 steht und sonst in den betreffenden Spalten
eine 0, so ist das Problem gelöst, denn die nachfolgende Matrix
ist wie folgt lesen:

1	0	0	0	-74.3493608	:	a = -74.3493608
0	1	0	0	22.9166159	:	b = 22.9166159
0	0	1	0	7.62446743	:	c = 7.62446743
0	0	0	1	6.5584297	:	d = 6.5584297

(Wie Sie sehen, handelt es sich um ein willkürlich gewähltes
Beispiel!)

Ein einfaches Verfahren besteht darin, zunächst dafür zu sorgen,
daß an der Stelle (1/1) (d.h. Zeile 1/ Spalte 1) eine 1 steht.
Hierfür wird die gesamte Zeile 1 durch denjenigen Wert dividiert,
der an der Stelle (1/1) bislang stand - hier die Zahl 3.
Anschließend wird die gesamte Zeile 1 mit dem Wert multipliziert,
der an der Stelle (2/1) steht, hier die Zahl 2, und nun wird die
erste Zeile von der zweiten Zeile Koeffizient für Koeffizient
abgezogen. Auf diese Weise steht an der Stelle (2/1) nun eine 0.
Nun werden die entsprechenden Operationen bezüglich der Zeilen 3
und 4 ausgeführt; jetzt stehen in der ersten Spalte unter der 1
nur noch Nullen.

Im nächsten Durchgang wird die zweite Zeile durch den Wert
dividiert, der an der Stelle (2/2) steht; jetzt steht hier eine 1.
Nun wird diese zweite Zeile mit dem Wert multipliziert, der an der
Stelle (1/2) steht, hier jetzt die 4 (aus 12/3, vgl. oben) und
anschließend wird die zweite von der ersten Zeile abgezoegn.
Nunmehr steht an der Stelle (1/2) eine 0 ; die 1 an der Stelle
(1/1) bleibt dabei erhalten!
Anschließend wird die dritte Zeile entsprechend behandelt und
schließlich die vierte Zeile.

Der dritte Durchgang bezieht sich auf das Element (3/3) und die
dritte Zeile , der vierte Schritt auf das Element (4/4) und die
vierte Zeile, die entsprechend behandelt werden.

Nach dem letzten Durchgang sind die Lösungen in der rechten Spalte
von oben nach unten ablesbar, wie im Beispiel angedeutet.

Hinweise/Erläuterungen:

Während des Programmablaufes sind die Anzahl der Zeilen und Spalten der Koeffizientenmatrix gesondert anzugeben, d.h ohne die
Stelle für den Lösungsvektor. Die Dimensionierung in Zeile 150
berücksichtigt dann die Spalte für diesen Vektor.

Einlesen und Ausdrucken der Matrix sowie des Elementes des
Lösungsvektors geschehen zeilenweise durch jeweils zwei geschachtelte Zählschleifen (Zeilen 200 - 270 bzw. 470 - 530) .

Bei der durchzuführenden Subtraktion der Zeilenelemente ist im
ersten Durchlauf keine Subtraktion bezüglich der ersten Zeile
auszuführen, im zweiten Durchgang keine Subtraktion bezüglich der
zweiten Zeile usw. Das Überspringen jeweils dieser Zeilen wird
durch die Abfrage in Zeile 360 gewährleistet.

Achtung: Dieses Programm enthält keinerlei Korrektheitsprüfungen
oder Plausibilitätskontrollen!
Weiterhin müssen Sie hier bei der Eingabe der Matrix die Zeilen in
der Reihenfolge eingeben, daß Zeilen, die als Koeffizenten die '0'
enthalten, möglichst als letzte Zeilen eingegeben werden; andernfalls könnten Sie die Fehlermeldung 'division by zero' erhalten.

Es gibt selbstverständlich Verfahren, die derartige Zeilenvertau-
schungen beinhalten. So werden z.B beim Gaußschen Eliminations-
verfahren mit Pivotisierung, wie es beispielsweise in Lamprecht,
1982 auf S. 23f kurz beschrieben wird, Zeilen auch in der Form
vertauscht, daß Rundungsfehler minimiert werden; die hier dargestellte Technik reicht aber aus, um die Rechenarbeit im Rahmen der
üblichen Schulaufgaben zu leisten.

Übungen:

Ergänzen Sie dieses Programm so, daß abschließend die
Funktionsgleichung

$$f(x) = ax^3 + bx^2 + cx^1 + d$$

mit den ermittelten Werten für a, b, c und d ausgedruckt wird.

```
0030 // Beispiel 30
0100 // Gleichungssystem
0110 // Ohne Korrektheitsprüfung, keine Pivotisierung
0120 // Einlesen Matrix und Ergebnisvektor
0130 input " Anzahl der Zeilen : ": n
0140 input " Anzahl der Spalten: ": m
0150 dim matrix(n,m+1)
0160 print "Geben Sie jetzt bitte die Koeffizienten";
0170 print "zeilenweise einschließlich Element des";
0180 print "Lösungsverktors ein."
0190 print
0200 for z:=1 to n do
0210   print "Koeffizienten der Zeile ";z;":";
0220   for s:=1 to m do
0230     input matrix(z,s);
0240   endfor s
0250   input "Element Lösungsvektor : ": matrix(z,m+1)
0260   print
0270 endfor z
0280 //Berechnungen
0290 for d:=1 to n do
0300   nf:=matrix(d,d) // Diagonalelement = Norm-Faktor
0310   for s:=d to m+1 do
0320     matrix(d,s):=matrix(d,s)/nf
0330   endfor s
0340   //
0350   for z:=1 to n do
0360     if z<>d then
0370       mf:=matrix(z,d) // Multiplikationsfaktor
0380       for s:=d to m+1 do
0390         matrix(z,s):=matrix(z,s)-matrix(d,s)*mf
0400       endfor s
0410     endif
0420   endfor z
0430   matrix'drucken
0440 endfor d
0450 //
0460 proc matrix'drucken
0470   print
0480   for z:=1 to n do
0490     for s:=1 to m+1 do
0500       print matrix(z,s);
0510     endfor s
0520     print
0530   endfor z
0540 endproc matrix'drucken
```

```
 2  3 -4  5        1  1.5  2  2.5       1  0  2  -2       1  0  0  -2
 1 -5  2 -17       0 -6.5  0 -19.5      0  1  0   3       0  1  0   3
-3  1 -1  9        0  5.5  5  16.5      0  0  5   0       0  0  1   0
```

Beispiel 31: Matrix-Multiplikation

Aufgabenstellung:

Es ist ein Programm zu erstellen, das zwei eingegebene Matrizen (A
und B) miteinander multipliziert. Das Einlesen beider Matrizen
soll mit Hilfe einer mit Parametern versehenen Prozedur geschehen; vgl. hierzu auch Abschnitte 4.3f .

Matrix A			Matrix B		Matrix C	
1	2	3	13	14	94	100
4	5	6	15	16	229	244
7	8	9	17	18	364	388
10	11	12			499	532

Verfahren:

Ermittlung der Elemente der Ergebnismatrix C :
Die Produkte der Elemente der ersten Zeile von Matrix A mit den
entsprechenden Elementen der 1. Spalte von Matrix B ergeben das
Element (1/1) der Matrix C.
Beispiel: 1*13 + 2*15 + 3*17 ergibt Element (1/1) der Matrix C.
Zeile 1 Matrix A multipliziert mit Spalte 2 Matrix B ergibt das
Element (1/2) - hier 100 - der Matrix C; Zeile 2 von A multipli-
ziert mit Spalte 1 von B ergibt Element (2/1) - hier 229 - von C
usw.

Hinweise/Erläuterungen:

Das Programm führt die Additionen der zu bildenden Produkte innerhalb der geschachtelten Schleifen in der Zeile 330 aus. Die
Schachtelungen der Zeilen 300 - 360 sind am einfachsten nachvollziehbar, wenn man sie von außen nach innen interpretiert.

Übungen:

Angenommen, die Matrix B bestünde nur aus einer Spalte, einem
Spaltenvektor.
Fassen Sie jetzt die Zeilen der Matrix A als Mengen von Produk-
tionsfaktoren (in diesem Falle der Faktoren 1 bis 3) auf, die zur
Erzeugung eines Gutes eingesetzt werden müssen.

Dabei stellen die verschiedenen Zeilen von A alternative Faktoreinsatzkombinationen dar. Die Zahlen im Vektor B stellen die
Kosten pro Einheit der in A aufgeführten Produktionsfaktoren dar.
Wenn Sie jetzt eine Zeile von A mit dem Spaltenvektor B multiplizieren, erhalten Sie die gesamten Faktoreinsatzkosten der durch
die betreffende Zeile der Matrix A dargestellten Einsatzkom-
bination.

Ergänzen Sie das Programm dergestalt, daß es von den in den Zeilen
der Matrix A dargestellten Faktoreinsatzkombinationen die kosten-
günstigste auswählt und ausgibt.

```
0031 // Beispiel 31
0100 // Matrix-Multiplikation
0110 input "Anzahl Zeilen Matrix-A                    ": m
0120 input "Anzahl Spalten Matrix-A (= Zeilen Matrix-B ) ": n
0130 input "Anzahl Spalten Matrix-B                  ": o
0140 dim matrixa(m,n), matrixb(n,o), matrixc(m,o)
0150 print "Eingabe Koeffizienten Matrix-A  (zeilenweise)"
0160 matrix'einlesen(matrixa,m,n)
0170 print "Eingabe Koeffizienten 2. Matrix (zeilenweise)"
0180 matrix'einlesen(matrixb,n,o)
0190 matrizen'multiplizieren
0200 ergebnis'ausdrucken
0210 proc matrix'einlesen(ref feld(,),z,sp) closed
0220    for zeile:=1 to z do
0230       for spalte:=1 to sp do
0240          input feld(zeile,spalte)
0250       endfor spalte
0260       print
0270    endfor zeile
0280 endproc matrix'einlesen
0290 proc matrizen'multiplizieren
0300    for z'a:=1 to m do // Zeile Matrix-A
0310       for sp'b:=1 to o do // Spalte Matrix-B
0320          for sp'a:=1 to n do // Spalte Matrix-A          sp'b))
0330             matrixc(z'a,sp'b):+(matrixa(z'a,sp'a)*matrixb(sp'a,
0340          endfor sp'a
0350       endfor sp'b
0360    endfor z'a
0370 endproc matrizen'multiplizieren
0380 proc ergebnis'ausdrucken
0390    for z'c:=1 to m do
0400       for sp'c:=1 to o do
0410          print matrixc(z'c,sp'c);
0420       endfor sp'c
0430       print
0440    endfor z'c
0450 endproc ergebnis'ausdrucken
```

```
 1  2  3        13 14        94 100

 4  5  6        15 16       229 244

 7  8  9        17 18       364 388

10 11 12                    499 532
```

5.2 Spielerisches mit Zahlen, Buchstaben und Symbolen

Beispiel 32: Text zentrieren

Aufgabenstellung:

Das Gedicht 'Die Trichter' von Christian Morgenstern soll mit
Hilfe der TAB( )-Funktion zentriert ausgedruckt werden.

Verfahren:

Die Gedichtzeilen sind in data-Zeilen festgehalten. Bis zum Ende
dieser Daten wird wiederholt gelesen und und der gelesene String
wird ab Positition (40 minus der halben Stringlänge) ausgedruckt.

Übungen:

Produzieren Sie doch bitte einmal eine Sanduhr mit Hilfe einer im
Programm festgelegten Zeichenkette. 'Schneiden' Sie die benötigten
Stücke heraus und lassen diese ausdrucken.

```
0032 // Beispiel 32
0100 // Text zentrieren // Morgenstern
0110 dim data'$ of 50
0120 data "DIE TRICHTER"
0130 data "Zwei Trichter wandeln durch die Nacht"
0140 data "Durch ihres Rumpfs verengten Schacht"
0150 data "fließt weißes Mondlicht"
0160 data "still und heiter"
0170 data "auf ihren"
0180 data "Waldweg"
0190 data "u.s."
0200 data "w."
0210 repeat
0220    read data'$
0230    print tab(40-len(data'$)/2),data'$
0240 until eod
```

```
                    DIE TRICHTER
          Zwei Trichter wandeln durch die Nacht
          Durch ihres Rumpfs verengten Schacht
                 fließt weißes Mondlicht
                    still und heiter
                        auf ihren
                         Waldweg
                           u.s.
                            w.
```

Beispiel 33: Stringdreieck

Aufgabenstellung:

Mit Hilfe eines einzugebenden Strings ist ein Textdreieck zu
drucken. Dabei sollen von Druckzeile zu Druckzeile rechts zwei
Anschläge weniger gedruckt werden als in der Vorzeile. Das Programm ist zu beenden, wenn kein Symbol mehr gedruckt werden kann.

Verfahren:

Zu Beginn wird der Variablen 'laenge' die volle Länge des eingegebenen Strings zugeordnet. Anschließend wird der String von Stelle
1 bis zur Stelle laenge wiederholt ausgedruckt, wobei nach jedem
Druckvorgang die Variable laenge um 2 vermindert wird.

Dieser Vorgang wird wiederholt, solange 'laenge' einen Wert größer
Null aufweist.

Übungen:

Ändern Sie das Programm so ab, daß das entstehende Dreieck symme-
trisch auf der Spitze steht. Ein entsprechender Vorschlag ist im
Programm String-Dreieck-02 enthalten, das hier nicht abgedruckt
ist.

```
0033 // Beispie  33 / 01
0100 // Programm String-Dreieck-01
0110 //
0120 dim string$ of 80
0130 input "String ": string$
0140 laenge:=len(string$)
0150 while laenge>0 do
0160    print string$(1:laenge)
0170    laenge:-2
0180 endwhile


Gerhard Justinski
Gerhard Justins
Gerhard Justi
Gerhard Jus
Gerhard J
Gerhard
Gerha
Ger
G
```

Beispiel 34: Namensumkehr

Aufgabenstellung:

Ein eingegebener Name oder sonstiger String mit maximal 80 Anschlägen soll rückwärts in einer Zeile auf den Bildschirm
geschrieben werden.

Verfahren:

Der String wird unter einer auf 80 Stellen dimensionierten Variablen 'text' gespeichert.

Zur Erinnerung: In der Sprache COMAL kann man über den Index jede
einzelne Stelle eines String direkt ansprechen; vgl. hierzu Teil
3.7 .

Nach dem Speichern wird dieser String Stelle für Stelle einzeln
ausgedruckt und zwar von der Stelle, deren Index der Länge des
eingegebenen Textes entspricht, nach links fortschreitend.

Hinweis:

Das 'um eine Stelle nach links wandern' läßt sich durch die
Schrittweite -1 einer Zählvariablen darstellen. Das Nebeneinander-
drucken der einzelnen Buchstaben ohne Zeilenvorschub trotz wieder-
holter Druckanweisungen wird durch ein Komma nach der Druckanweisung in Zeile 160 bei einer Zonenbreite von Null erreicht.

```
0034 // Beispiel 34
0100 // Programm Namensumkehr
0110 //
0120 dim text$ of 80
0130 print "Name :"
0140 input text$
0150 for index:=len(text$) to 1 step -1 do
0160    print text$(index),
0170 endfor index
```

```
Name :
abracadabra
arbadacarba
```

Beispiel 35: Verschlüsselung

Aufgabenstellung:

Ein eingegebener Text ist mit Hilfe einer im Programm enthaltenen
Schlüsselzeile in eine Folge von Zahlen umzusetzen, wobei die Zahl
jeweils der Stelle entsprechen soll, an der der zu verschlüsselnde
Buchstabe erstmals im Text der Schlüsselzeile auftaucht.

Verfahren:

Benutzt wird der Operator IN , der genau der oben angegebenen
Verschlüsselungsbedingung entspricht.

Bei jeder eingebenen Textzeile wird vom ersten bis zum letzten
Symbol mit Hilfe von IN festgestellt, an welcher Stelle dieses
Symbol zum erstenmal in der Schlüsselzeile auftaucht; dieser Wert
wird anschließend ausgedruckt.

Als Abbruchkriterium wird die Eingabe der Zeile '***' gewählt;
diese Symbolfolge wird ebenfalls mit verschlüsselt.

Hinweise/Erläuterungen:

Als Schlüssel wird die mit den Ziffern von 0 bis 9 aufgefüllte
Zeile 'the quick brown fox jumps over the lazy dog . ' benutzt,
die sämtliche Buchstaben enthält, allerdings keine Großbuchstaber.
und Umlaute. Im Programm muß daher auf eine entsprechende Eingabe-
technik hingewiesen werden.

Übungen:

Ändern Sie das Programm so ab, daß die Zeile '***' nicht mehr verschlüsselt ausgegeben wird.
Fügen Sie weiterhin die Möglichkeit hinzu, die beim jetzigen Programm ermittelte Zahl vor der Ausgabe z.B. mit dem Querprodukt
einer vorher einzugebenden Schlüsselzahl zu multiplizieren und sie
somit nochmals verschlüsseln zu lassen. Falls von dieser
Möglichkeit kein Gebrauch gemacht wird, soll die Multiplikation
mit 1 erfolgen.

```
0035 // Beispiel 35
0100 // Programm Verschlüsselung
0110 //
0120 dim schluessel$ of 80
0130 dim textzeile$ of 80
0140 schluessel$:="0thelquick2brown3fox4jumps5over6the7lazy8dog9. "
0145 print "Bitte keine Umlaute oder Großbuchstaben eingeben"
0146 print
0150 repeat
0160    input "Textzeile:  ": textzeile$
0170    for symbol:=1 to len(textzeile$) do
0180       zahl:=textzeile$(symbol) in schluessel$
0190       print zahl;
0200    endfor symbol
0210    print
0220    print
0230 until textzeile$="***"
```

Bitte keine Umlaute oder Großbuchstaben eingeben

```
4 8 16 4 26 47 2 38 44 4 26 47 26 38 44 2 4 47 42 8 4 47 24 7 2 2 4
13 47 39 7 24 47 13 14 2 10 38 4 25 25 9 3 4 16

16 8 24 24 47 12 8 2 2 4 47 42 8 4 26 4 16 47 10 14 13 12 47 7 16
42 47 12 13 8 16 44 4 47 8 3 16 47 39 7 13 47 44 13 14 26 26 24 7

0 0 0
```

Mit Hilfe von Programm 36 entschlüsselt:

Zahl	4 bedeutet : e		Zahl	24 bedeutet : m
Zahl	8 bedeutet : i		Zahl	7 bedeutet : u
Zahl	16 bedeutet : n		Zahl	2 bedeutet : t
Zahl	4 bedeutet : e		Zahl	2 bedeutet : t
Zahl	26 bedeutet : s		Zahl	4 bedeutet : e
Zahl	47 bedeutet :		Zahl	13 bedeutet : r
Zahl	2 bedeutet : t		Zahl	47 bedeutet :
Zahl	38 bedeutet : a		Zahl	39 bedeutet : z
Zahl	44 bedeutet : g		Zahl	7 bedeutet : u
Zahl	4 bedeutet : e		Zahl	24 bedeutet : m
Zahl	26 bedeutet : s		Zahl	47 bedeutet :
Zahl	47 bedeutet :		Zahl	13 bedeutet : r
Zahl	26 bedeutet : s		Zahl	14 bedeutet : o
Zahl	38 bedeutet : a		Zahl	2 bedeutet : t
Zahl	44 bedeutet : g		Zahl	10 bedeutet : k
Zahl	2 bedeutet : t		Zahl	38 bedeutet : a
Zahl	4 bedeutet : e		Zahl	4 bedeutet : e
Zahl	47 bedeutet :		Zahl	25 bedeutet : p
Zahl	42 bedeutet : d		Zahl	25 bedeutet : p
Zahl	8 bedeutet : i		Zahl	9 bedeutet : c
Zahl	4 bedeutet : e		Zahl	3 bedeutet : h
Zahl	47 bedeutet :		Zahl	4 bedeutet : e
			Zahl	16 bedeutet : n

Beispiel 36: Entschlüsseln

Aufgabenstellung:

Ein Programm ist zu entwickeln, das die mit Hilfe des Programms 35
verschlüsselten Texte wieder in Klartext umwandelt.

Verfahren:

Da mit Hilfe von IN im Programm 35 als verschlüsselter Wert die
Zahl ausgedruckt wurde, die angibt, an welcher Stelle der zu
verschlüsselnde Buchstabe im Schlüsseltext erstmals erscheint,
kann hier bei Verwendung des identischen Schlüsseltextes einfach
der Buchstabe des Schlüsseltextes ausgedruckt werden, dessen Index
mit der zu entschlüsselnden Zahl übereinstimmt.

Als Abbruchkriterium wird die Eingabe der Zahl 0 gewählt, da diese
im Rahmen des Programmes 35 als Textbestandteil nicht ausgegeben
werden kann, wenn der Schlüssel sämtliche benötigten Symbole des
Eingabetextes enthält.

Übungen:

Ändern Sie das Programm so ab, daß der Schlüsselstring während des
Programmablaufes eingegeben werden kann und damit wählbar wird.
Ändern Sie das Programm weiterhin so ab, daß der zweite Änderungs-
vorschlag von Programm 35 berücksichtigt wird.

```
0036 // Beispiel 36
0100 // Programm Entschlüsseln
0110 //
0120 dim schluessel$ of 80
0130 dim symbol$ of 1
0140 schluessel$:="0thelquick2brown3fox4jumps5over6the7lazy8dog9. "
0150 input "Zu entschlüsselnde Zahl ": zahl;
0160 while zahl<>0 do
0170    symbol$:=schluessel$(zahl)
0180    print "bedeutet :";symbol$
0190    input "Zu entschlüsselnde Zahl ": zahl;
0200 endwhile
```

144

Beispiel 37: Textkompression

Aufgabenstellung:

Für die Schlüsseltexte der Aufgaben 35 und 36 werden sämtliche
Symbole nur einmal benötigt. Die gewählte Schlüsselzeile enthält
jedoch z.B. das 'o' viermal.

Es ist ein Programm zu schreiben, das eine eingegebene Textzeile
so komprimiert, daß jedes Symbol nur einmal übernommen wird und
zwar an der Stelle, an der es zum ersten Mal auftaucht.

Beispiel :

Aus 'abracadabra' werde 'abrcd'

Verfahren:

Für das alte und für das neue (komprimierte) Wort werden zwei
Strings dimensioniert; dabei wird der String 'Neuwort' zunächst
bis zur Länge des Altwortes mit Leerzeichen gefüllt (Zeile 160).
Anschließend wird für jeden der Buchstaben des alten Wortes
mittels IN festgestellt, an welcher Stelle er erstmals im alten
Wort auftaucht. Diese Information wird als Index benutzt, um den
betreffenden Buchstaben an die richtige Stelle im neuen Wort zu
schreiben.
Auf diese Weise werden identische Buchstaben des alten Wortes
stets auf die gleiche Stelle des neuen Wortes übertragen; im neuen
Wort bleiben rechts soviel Stellen frei, wie im alten Wort Buchstaben mehrfach vorkamen. Diese Leerstellen werden durch die
Formulierung der Bedingung in Zeile 230 nicht mit ausgedruckt, um
überflüssige Leerstellen zu vermeiden, falls man einmal mehrere
Wörter hintereinander komprimieren will.

Übungen:

Ergänzen Sie das Programm so, daß man fortlaufend Wörter eingeben
kann, die dann sofort komprimiert und über den Drucker ausgegeben
werden.

```
0037 // Beispiel 37
0100 // Textkompression
0110 //
0120 dim altwort$ of 75
0130 print "Zu komprimierende Zeile (max 75 Symbole) "
0140 input altwort$
0150 dim neuwort$ of len(altwort$)
0160 neuwort$(1:len(altwort$)):=" "
0170 //
0180 for index1:=1 to len(altwort$) do
0190    index2:=altwort$(index1) in altwort$
0200    neuwort$(index2):=altwort$(index1)
0210 endfor index1
0220 for lv:=1 to len(neuwort$) do
0230    if neuwort$(lv)<>" " then print neuwort$(lv),
0240 endfor lv
```

```
Zu komprimierende Zeile (max 75 Symbole)
abracadabra
abrcd
```

```
Zu komprimierende Zeile (max 75 Symbole)
the quick brown fox jumps over the lazy dog
thequickbrownfxjmpsvlazydg
```

```
0038 // Beispiel 38
0100 // Orthogonaltext
0110 input "Wieviel Zeilen sind einzulesen :": zeilenzahl
0120 input "Wieviel Symbole/Zeile maximal  :": symbolzahl\zeile
0130 dim text$(zeilenzahl) of symbolzahl\zeile
0140 dim string$ of symbolzahl\zeile
0150 text'zeilenweise'einlesen
0160 text'spaltenweise'ausgeben
0170 //
0180 proc text'zeilenweise'einlesen
0190    for zeile:=1 to zeilenzahl do
0200       text$(zeile)(1:symbolzahl\zeile):=" "
0210       input string$
0220       text$(zeile)(1:len(string$)):=string$
0230    endfor zeile
0240 endproc text'zeilenweise'einlesen
0250 proc text'spaltenweise'ausgeben
0260    for buchstabe:=1 to symbolzahl\zeile do
0270       for zeile:=1 to zeilenzahl do
0280          print text$(zeile)(buchstabe),
0290       endfor zeile
0300    endfor buchstabe
0310 endproc text'spaltenweise'ausgeben
```

```
ENiinmems  bTiatgtees  dsiaegsteen  dKioer bM uutntde rt rzaugme

Riohtnk äzpupr
                              Was könnte das bedeuten ?
```

Beispiel 38: Orthogonaltext

Aufgabenstellung:

Es ist ein Programm zu formulieren, das einen zeilenweise eingegebenen Text senkrecht zur Eingaberichtung wieder ausgibt, d.h.
zunächst die ersten Buchstaben sämtlicher Zeilen, dann die zweiten
Buchstaben dieser Zeilen und so fort bis zu den letzten Buchstaben
der eingegebenen Zeilen.

Einzugeben sind die gewünschte Zeilenzahl und die zu berücksichti-
gende Maximalzahl von Buchstaben pro Zeile. Sowohl die zeilenweise
Eingabe als auch die spaltenweise Ausgabe des Textes sind als
eigenständige (offene) Prozeduren zu formulieren.

Verfahren:

Der Text ist in ein zweidimensionales Textfeld einzulesen. Die
Ausgabe geschieht durch geschachtelte Schleifen, in denen von
Buchstabe 1 bis zum letzten Buchstaben jeweils von Zeile 1 bis zur
letzten cingegebenen Zeile die eingelesenen Symbole ausgegeben
werden, vgl. Zeilen 260 - 300.

Hinweise/Erläuterungen:

In Zeile 200 wird die Textzeile vollständig mit Leerzeichen aufgefüllt. Der eingegebene String (Zeile 210) wird anschließend
linksbündig in die Textzeile eingefügt. Hierdurch wird erreicht,
daß jede Textzeile bis zum letzten Anschlag definierte Symbole
enthält und damit auch ausgedruckt werden kann, selbst wenn der
eingegebene String die maximale Länge nicht ausnutzt.

Übungen

Wandeln Sie die beiden Prozeduren in geschlossene Prozeduren um.
Zeilenzahl und Symbolzahl pro Zeile sollen jedoch weiterhin in den
Zeilen 110 und 120 eingelesen werden.
Ändern Sie das Programm so ab, daß der eingegebene Text diagonal
ausgelesen und gedruckt wird.

Beispiel 39: Fragmentabfrage

Aufgabenstellung:

Es ist ein Programm zu schreiben, mit dessen Hilfe nach Eingabe
von bis zu 2 bekannten Teilen z.B. eines Autokennzeichens sämtliche Kennzeichen, Namen und Anschriften der KFZ-Halter ausgegeben
werden, in deren KFZ-Kennzeichen die Fragmente enthalten sind.

Die erforderlichen Daten sollen im Programm selbst enthalten sein.

Verfahren:

Die kompletten Daten werden als Data-Zeilen im Programm abgelegt.

In einer Wiederholungsschleife werden bis zu zwei Fragmente eingelesen; die Schleife wird vorzeitig verlassen, wenn statt eines
Fragmentes die RETURN-Taste gedrückt wird, der eingegebene String
also die Form "" hat.

Anschließend werden bis zum Ende der existierenden Daten Kennzeichen, Name und Anschrift gelesen. Falls die eingegebenen Fragmente
sämtlich in einem der gerade gelesenen Kennzeichen enthalten sind,
werden Kennzeichen, Name und Anschrift ausgedruckt.

Hinweise/Erläuterungen:

Der Fall, daß das zweite Fragment leer ist, ist nicht gesondert zu
behandeln, da der Leerstring in jedem String enthalten ist.

Übungen:

Ändern Sie das Programm so ab, daß die einzugebenden Fragmente
sich nicht nur auf das KFZ-Kennzeichen beziehen müssen sondern
auch aus dem Namen oder der Anschrift stammen können.

Ändern Sie das Programm weiterhin so ab, daß die Informationen
über Kennzeichen, Halter und Anschrift aus einer Floppy-Datei
gelesen werden. (Vgl. hierzu Beispiele Teil 5.3)

```
0039 // Beispiel 39
0100 // Programm Fragmentabfrage
0110 //
0120 dim kennzeichen$ of 12, name$ of 20, anschrift$ of 20
0130 dim fragment$(2) of 12
0140 data "HH - C 461","Alfons Abel","Korngasse 11"
0150 data "OS - C 4546","Gerhard Justinski","Parkstraße 13"
0160 data "M - DE 1234","Alois Mattern","Luisenstr. 12a"
0170 //
0180 print "Bekannte Fragmente  (max 2)   ? "
0190 eingabe:=0
0200 repeat
0210   eingabe:+1
0220   input fragment$(eingabe)
0230 until fragment$(eingabe)="" or eingabe=2
0240 while not eod do
0250   read kennzeichen$,name$,anschrift$                chen$ then
0260   if fragment$(1) in kennzeichen$ and fragment$(2) in kennzei
0270     print kennzeichen$;name$;anschrift$
0280   endif
0290 endwhile
```

```
Bekannte Fragmente  (max 2)   ?
H
46
HH - C 461 Alfons Abel Korngasse 11

Bekannte Fragmente  (max 2)   ?
M
E
M - DE 1234 Alois Mattern Luisenstr. 12a

Bekannte Fragmente  (max 2)   ?
46

HH - C 461 Alfons Abel Korngasse 11
OS - C 4546 Gerhard Justinski Parkstraße 13

Bekann e Fragmente  (max 2)   ?
4

HH - C 461 Alfons Abel Korngasse 11
OS - C 4546 Gerhard Justinski Parkstraße 13
M - DE 1234 Alois Mattern Luisenstr. 12a
```

Beispiel 40: Drei Chinesen mit dem ...

Aufgabenstellung:

Das Kinderspiel, bei dem der Reihe nach die Vokale in den Zeilen
'Drei Chinesen mit dem Kontrabaß...' vollständig durch a, e, i, o,
u ersetzt werden, ist mit Hilfe eines Programmes nachzuvollziehen.
Der Vokaltausch soll im Rahmen von Prozeduren durchgeführt werden.

Verfahren:

Die Verszeilen sind als Data-Zeilen im Programm enthalten. (Da mir
nur noch zwei Zeilen eingefallen sind, mußten die Zeilen 150 und
160 leer bleiben).

Nach Festlegung des einzufügenden Buchstabens wird jeweils die
Prozedur 'zeilen'lesen'aendern'drucken' aufgerufen.

Im Rahmen dieser Prozedur werden ab Zeile 290 bei jedem Aufruf die
einzelnen data-Zeilen von Beginn an gelesen; anschließend wird die
zweite Prozedur 'vokaltausch' aufgerufen, die für sämtliche Buchstaben einer gelesenen Zeile feststellt, ob diese zu den in Zeile
400 definierten Symbolen gehören. Ist dies der Fall, wird der
Tausch durchgeführt. Die geänderte Zeile wird anschließend im
Rahmen der ersten Prozedur ausgedruckt.

Hinweise/Erläuterungen:

Die Prozedur 'vokaltausch' wurde mit Referenzparametern formuliert; das spart Speicherplatz, der ursprüngliche Text in 'zeile$'
ist dann jedoch überschrieben. Weiterhin wird hier eine Prozedur
von einer anderen aus aufgerufen. Dabei ist es bei der Verwendung
von COMAL gleichgültig, ob die aufgerufenen Prozedur im Programm
vor oder nach der rufenden Prozedur steht.

Übungen

Ändern Sie das Programm so ab, daß
a) der Ausgangstext auch gedruckt wird,
b) die neu einzusetzenden Buchstaben frei gewählt werden können.

```
0040 // Beispiel 40
0100 // Drei Chinesen mit dem .....
0110 //
0120 dim buchstabe$ of 1, zeile$ of 80
0130 data "Drei Chinesen mit dem Kontrabaß, "
0140 data "saßen auf der Straße und erzählten sich was"
0150 data ""
0160 data ""
0170 //
0180 buchstabe$:="a"
0190 zeilen'lesen'aendern'drucken
0200 buchstabe$:="e"
0210 zeilen'lesen'aendern'drucken
0220 buchstabe$:="i"
0230 zeilen'lesen'aendern'drucken
0240 buchstabe$:="o"
0250 zeilen'lesen'aendern'drucken
0260 buchstabe$:="u"
0270 zeilen'lesen'aendern'drucken
0280 //
0290 proc zeilen'lesen'aendern'drucken
0300   restore
0310   repeat
0320     read zeile$
0330     vokaltausch(buchstabe$,zeile$)
0340     print zeile$
0350   until eod
0360 endproc zeilen'lesen'aendern'drucken
0370 //
0380 proc vokaltausch(ref vokal$,ref string$)
0390   for lv:=1 to len(string$) do
0400     if string$(lv) in "aeiouäöü" then string$(lv):=vokal$
0410   endfor lv
0420 endproc vokaltausch
```

```
Draa Chanasan mat dam Kantrabaß,
saßan aaf dar Straßa and arzahl an sach was


Dree Chenesen met dem Kentrebeß,
seßen eef der Streße end erzehlten sech wes


Drii Chinisin mit dim Kintribiß,
sißin iif dir Strißi ind irzihltin sich wis


Droo Chonoson mot dom Kontroboß,
soßon oof dor Stroßo ond orzohlton soch wos


Druu Chunusun mut dum Kuntrubuß,
sußun uuf dur Strußu und urzuhltun such wus
```

Beispiel 41: Buchstabenpermutation

Aufgabenstellung:

Von einem einzugebenden Namen mit 4 verschiedenen Buchstaben z.B.
'NORA' sind sämtliche unterschiedlichen Buchstabenzusammen-
stellungen zu drucken, z:B. NOAR, NAOR, NARO, ONRA, ARNO, ...

Verfahren:

Der Name wird als 4-stelliger String unter der Variablen wort\$
gespeichert. Da man bei COMAL über den Index jedes einzelne
Element gesondert aufrufen und drucken kann, genügt es, festzulegen, welche Indizes jeweils beim Drucken der Buchstabenzu-
sammenstellungen zu berücksichtigen sind.

Die hierbei zu beachtenden Gesetzmäßigkeiten lassen sich am einfachsten anhand eines Baumdiagrammes ermitteln.

```
String:        N   O   R   A
Index :        1   2   3   4
------------------------------------------------------

                        3 ——— 4        ergibt: NORA
                   2
                        4 ——— 3        ergibt: NOAR

                        2 ——— 4        ergibt: NROA
            1 ——— 3
                        4 ——— 2        ergibt: NRAO


                   4


              2
            o
              3

                4
            1.-     2.-     3.-     4.Buchstabe
```

Aus Platzgründen wurden vom gesamten Baum nur wenige Zweige
ausgeführt.

Man erkennt, daß an der ersten Stelle der zu bildenden 'Namen'
jeder der 4 Buchstaben, d.h. jeder der 4 Indizes stehen kann.

Wenn Sie ein vervollständigtes Baumdiagramm betrachten, erkennen
Sie, daß an der zweiten Stelle auch jeder der 4 Buchstaben stehen
kann, nicht aber jeweils derjenige Buchstabe, der bereits an der
ersten Stelle stand.

Entsprechend können an der dritten Stelle ebenfalls alle 4 Buchstaben auftauchen, nicht aber diejenigen, die bereits an der
ersten oder der zweiten Stelle gedruckt wurden.
An der vierten Stelle muß schließlich jener Buchstabe stehen, der
bislang noch nicht gedruckt wurde.

Die in diesem Baumdiagramm dargestellte Systematik kann leicht in
ein Programm umgesetzt werden.

An erster Stelle ist jeder der Buchstaben 1 bis 4 zu drucken
(Zeile 140), an zweiter Stelle ist ebenfalls jeder der Buchstaben
1 bis 4 zu drucken (Zeile 150), jedoch nur dann, wenn der Buchstabe, der an zweiter Stelle gedruckt werden soll, nicht identisch
ist mit dem Buchstaben, der bereits an erster Stelle gedruckt
wurde (Zeile 160).
Die gleiche Überlegung gilt für den dritten Buchstaben - allerdings dürfen hier nur Buchstaben gedruckt werden, die nicht
bereits an Stelle 1 bzw. Stelle 2 gedruckt wurden (Zeile 180).

Nach diesem System könnte man auch den vierten Buchstaben ermitteln; einfacher ist es jedoch, wenn man berücksichtigt, daß die
Indizes der gedruckten Buchstaben in jedem Falle unabhängig von
der Reihenfolge die Summe 10 bilden müssen (der 1. und der 2. und
der 3. und der 4. ergibt unanhängig von der Reihenfolge stets 10);
somit kann man den Index des an vierter Stelle zu druckenden
Buchstabens errechnen als 10 - (Summe der bisherigen Buchstaben-
indizes) , Zeile 190.

Übungen:

Machen Sie sich bitte einmal die Mühe und ändern Sie das Programm so ab, daß der vierte Buchstaben nach der Technik ermittelt und ausgedruckt wird wie die Buchstaben 2 und 3 .

```
0041 // Beispiel 41
0100 // Buchstabenpermutation
0110 //
0120 dim wort$ of 4
0130 input " Wort mit 4 Buchstaben : ": wort$
0140 for b1:=1 to 4 do
0150   for b2:=1 to 4 do
0160     if b2<>b1 then
0170       for b3:=1 to 4 do
0180         if b3<>b2 and b3<>b1 then
0190           b4:=10-(b1+b2+b3)
0200           zone 0
0210           print wort$(b1),wort$(b2),wort$(b3),wort$(b4),
0220           zone 8
0230           print ,
0240         endif
0250       endfor b3
0260     endif
0270   endfor b2
0280   print
0290 endfor b1
```

NORA	NOAR	NROA	NRAO	NAOR	NARO
ONRA	ONAR	ORNA	ORAN	OANR	OARN
RNOA	RNAO	RONA	ROAN	RANO	RAON
ANOR	ANRO	AONR	AORN	ARNO	ARON

Beispiel 42: Textanalyse

Aufgabenstellung:

Im Rahmen meiner mündlichen Abiturprüfung im Fach Deutsch mußte
ich die relativen Häufigkeit des Auftretens der Buchstaben 'i' und
'r' in einem Gedicht ermitteln, um dann Rückschlüsse auf Sprach-
mittel etc. ziehen zu können. Diese Arbeit der Ermittlung der
relativen Häufigkeit bestimmter Buchstaben soll einem Computer
übertragen werden.

Verfahren:

Ein Textfeld wird definiert (Zeile 150), in dem der zeilenweise
eingegebene Text gespeichert wird und zwar wird jeweils eine Zeile
in einem Element dieses Feldes gespeichert. Jedes Element dieses
Textfeldes ist auf 80 Stellen dimensioniert. Anschließend wird
jedes Element dieses Feldes (d.h. jede eingegebene Zeile) Stelle
für Stelle (also Buchstabe für Buchstabe) durchgesehen. Falls dort
kein Leerzeichen steht (Zeile 250) wird das enthaltene Symbol
gezählt und anschließend mittels IN festgestellt, ob das Symbol
im String 'RrIi' enhalten ist, also zu den gesuchten Buchstaben
gehört. In diesem Fall wird der Zähler um eins erhöht.
Die Eingabe der Textzeilen wird abgebrochen, wenn die festgelegte
Anzahl erreicht ist oder wenn durch Druck auf RETURN ein
Leerstring (Länge = 0) eingegeben wird.

Hinweise/Erläuterungen:

Mit der Formulierung text$(zeile)(buchstabe) <> .... (Zeile 250)
wird das hier skizzierte Textfeld in zwei Richtungen angesprochen:

```
     1.  xxxxxxxxxxxxxxxxxxxxxx
     2.  xxxxxxxxxxxxxxxxxxxxxx
     3.  xxxxxxxxxxxxxxxxxxxxxx
     .
     n.  xxxxxxxxxxxxxxxxxxxxxx
  Zeile↑                     ↑
     1. ..................80. Buchstabe
```

Der erste in Zeile 250 aufgeführte Index bezieht sich auf die
gerade abzuarbeitende Zeile, der zweite Index auf den jeweiligen
Buchstaben innerhalb dieser Zeile. Dennoch handelt es sich hier um
ein eindimensionales Textfeld, dessen einzelne Elemente in der
Sprache COMAL zusätzlich noch Stelle für Stelle getrennt betrachtet werden können; im Unterschied dazu würden die Elemente eines
zweidimensionalen Textfeldes wie folgt angesprochen:

        textmatrix$(index1,index2)

Falls man auch dieses zweidimensionale Textfeld innerhalb eines
Elementes wiederum bezogen auf den einzelnen Buchstaben ansprechen
möchte, muß die entsprechende Formulierung wie folgt aussehen:

        textmatrix$(index1,index2)(buchstabe)

In der Sprache COMAL erhält jedes Stringfeld, wie früher bereits
angesprochen, durch die Möglichkeit, die einzelnen Buchstaben
direkt anzusprechen, gewissermaßen eine zusätzliche Dimension.

Übungen:

Ändern Sie das Programm so ab, daß die Buchstaben, nach denen
gesucht wird, frei wählbar sind.

```
0042 // Beispiel 42
0100 // Programm Textanalyse
0110 //
0120 print " Geben Sie bitte den Text zeilenweise ein,"
0130 print " d.h. drücken Sie am Ende der Zeile RETURN "
0140 input " Wieviel Zeilen wollen Sie eingeben (max): ": zeilen
0150 dim text$(zeilen) of 80
0160 anzahl:=0
0170 repeat
0180    anzahl:+1
0190    input text$(anzahl)
0200 until anzahl=zeilen or len(text$(anzahl))=0
0210 //
0220 zaehler:=0; symbole:=0
0230 for zeile:=1 to anzahl do
0240    for buchstabe:=1 to len(text$(zeile)) do
0250       if text$(zeile)(buchstabe)<>" " then
0260          symbole:+1
0270          if text$(zeile)(buchstabe) in "RrIi" then zaehler:+1
0280       endif
0290    endfor buchstabe
0300 endfor zeile
0310 print "Symbole insgesamt  : ";symbole
0320 print "Gesuchte Buchstaben: ";zaehler
0330 print "Relative Häufigkeit: ";zaehler/symbole
0340 print
0350 print "((Und was besagt das nun???)))"
```

Beispiel 43: Zahlenraten

Aufgabenstellung:

Der Spieler soll eine vom Computer gewählte ganzzahlige Zufallszahl zwischen Null und neun einschließlich erraten.
Maximal drei Versuche sind zulässig, danach soll der Computer erforderlichenfalls die Zufallszahl ausgeben.

Nach jedem Versuch ist anzugeben, ob die eingegebene Zahl zu groß
oder zu klein war; bei einem Treffer ist zu gratulieren.

Verfahren:

Zur Ermittlung der Zufallszahlen wird die Funktion RND(0,9) benutzt.

Die Eingabe des Benutzers geschieht in einer Schleife, die verlassen wird, wenn die Zahl geraten wurde oder drei erfolglose
Rateversuche stattfanden.

Falls nach Verlassen dieser Schleife die Zufallszahl (x) und die
zuletzt eingegebene geratene Zahl (y) nicht übereinstimmen wird
die Zufallszahl ausgegeben.

Übungen:

Ändern Sie das Programm bitte so ab, daß man das Intervall, aus
dem die Zufallszahl gewählt werden soll sowie die Anzahl der
Versuche frei wählen kann.

```
0043 // Beispiel 43
0100 // Zahlenraten
0110 //
0120 print chr$(147) // Schirm löschen
0130 print "Der Computer denkt sich eine Zahl von 0 - 9."
0140 print "Sie können 3mal versuchen, diese Zahl zu erraten."
0150 print
0160 x:=rnd(0,9)
0170 zaehler:=0
0180 repeat
0190    input "Geben Sie eine Zahl zwischen 0 und 9 ein ? ": y
0200    zaehler:+1
0210    print
0220    if y=x then
0230       print "Herzlichen Glückwunsch!"
0240    else
0250       if y>x then
0260          print "Die gewählte Zahl ist leider zu groß."
0270       else
0280          print "Die gewählte Zahl ist leider zu klein."
0290       endif
0300    endif
0310 until x=y or zaehler=3
0320 if x<>y then print "Die gesuchte Zahl lautete : ",x
0330 //


Der Computer denkt sich eine Zahl von 0 - 9.
Sie können 3mal versuchen, diese Zahl zu erraten.

Geben Sie eine Zahl zwischen 0 und 9 ein ?   5

Die gewählte Zahl ist leider zu klein.
Geben Sie eine Zahl zwischen 0 und 9 ein ?   6

Die gewählte Zahl ist leider zu klein.
Geben Sie eine Zahl zwischen 0 und 9 ein ?   7

Die gewählte Zahl ist leider zu klein.
Die gesuchte Zahl lautete : 9


Der Computer denkt sich eine Zahl von 0 - 9.
Sie können 3mal versuchen, diese Zahl zu erraten.

Geben Sie eine Zahl zwischen 0 und 9 ein ?   6

Die gewählte Zahl ist leider zu klein.
Geben Sie eine Zahl zwischen 0 und 9 ein ?   7

Herzlichen Glückwunsch!
```

Beispiel 44: Hölzchen

Aufgabenstellung:

Ein einfaches Nim-Spiel mit einem Haufen Streichhölzchen ist zu
programmieren. Vom Haufen dürfen zwischen einem und 6 Hölzern weg-
genommen werden; gewonnen hat, wer das letzte Hölzchen nehmen
kann. Gespielt wird gegen den Computer; dieser hat den zweiten
Zug.

Verfahren:

Die Gewinnstrategie für den Computer besteht darin, den Gegenspieler stets vor eine Zahl von 7 Hölzchen oder einem Vielfachen
von 7 zu setzen. Liegen noch 7 Hölzchen vor dem Gegenspieler, so
kann er nicht alle nehmen; nach seinem Zug liegen aber 1 bis 6
Hölzchen vor dem Computer, so daß er sämtliche Hölzchen nehmen und
damit gewinnen kann. Das gleiche gilt, wenn der Gegenspieler vor
einem Vielfachen von 7 Streichhölzchen sitzt. Hier kann der Computer ihn stets wieder auf ein Vielfaches von 7 bringen und damit
auch in die Situation , daß nur noch 7 Hölzchen auf dem Tisch
liegen.
Ist der Computer am Zuge, prüft das Programm, ob die Zahl der
Streichhölzchen auf dem Tisch ganzzahlig durch 7 teilbar ist,
Zeile 360. Ist dies der Fall, wird eine Zufallszahl zwischen eins
und 6 für die wegzunehmenden Hölzchen gewählt, da jetzt der
Computer keine Möglichkeit hat, eine Gewinnsituation zu erreichen.

Ist die aktuelle Hölzchenzahl nicht ganzzahlig durch 7 teilbar, so
kann der Computer eine Gewinnsituation erreichen; hierfür ist die
Differenz des aktuellen Bestandes zur nächstniedrigen durch 7
teilbaren Zahl zu berechnen (Zeile 390) und der Streichholzhaufen
um diese Zahl zu verringern.

Das Programm wird beim Bestand Null beendet.

Hinweise/Erläuterungen:

Eingebaut wurde eine Kontrolle, daß der Gegenspieler wirklich eine
ganze Zahl zwischen 1 und 6 wählt; Zeilen 270 - 300 .

Ebenso wird dafür gesorgt, daß der Gegenspieler zu Beginn
mindestens 7 Hölzchen auf den Tisch legt, Zeilen 200 - 230.

Übungen:

Formulieren Sie das Programm bitte so um, daß man die Höchstzahl
wegzunehmender Hölzchen variabel gestalten kann.

```
0044 // Beispiel 44
0100 // Programm Hölzchen
0110 //                                            Tisch ."
0120 print chr$(147)                                   Hölzchen"
0130 print "Bei diesem Spiel liegt eine Streichholzmenge auf dem
0140 print "Wir werden jetzt abwechselnd jeweils zwischen 1 und 6
0150 print "von dem verbleibenden Häufchen wegnehmen."
0160 print "Wer das letzte Hölzchen wegnehmen kann, hat gewonnen."
0170 print "Sie dürfen anfangen und zunächst die Ausgangsmenge an
0180 print "bestimmen."                              Hölzchen."
0190 input "Wieviel Hölzchen sollen auf dem Tisch liegen ? ":
0200 while bestand<7 do                                bestand
0210    print "So macht's keinen Spaß - bitte mehr Hölzchen"
0220    input "Wieviel Hölzchen also ? ": bestand
0230 endwhile
0240 repeat
0250    print "Bestand = ",bestand," Hölzchen"
0260    input "Wieviel nehmen Sie ? ": x
0270    while x>6 or x<1 or x mod 1<>0 do              Hölzchen"
0280      print "Bitte nicht mogeln! Nehmen Sie zwischen 1 und 6
0290      input "Wieviel nehmen Sie nun ?": x
0300    endwhile
0310    bestand:-x
0320    print "Bestand = ",bestand," Hölzchen"
0330    if bestand=0 then
0340      print "Gratulieren, Sie haben gewonnen !"
0350    else
0360      if bestand mod 7=0 then
0370        y:=rnd(1,6)
0380      else
0390        y:=bestand mod 7
0400      endif
0410      bestand:-y
0420      print "Ich habe ",y," Hölzchen genommen"
0430      if bestand=0 then
0440        print " Bedauere, aber ich habe gewonnen !"
0450      endif
0460    endif
0470 until bestand=0
0480 //
```

Beispiel 45: Suchwort

Aufgabenstellung:

Im Rahmen einer Fernsehsendung müssen Kandidaten u.a. ein zufällig ausgewähltes Wort dadurch erraten, daß sie Buchstaben nennen
und daraufhin angezeigt wird, ob und an welcher Stelle diese
Buchstaben im Suchwort enhalten sind.
Ein entsprechendes Programm ist zu schreiben. Die Kandidaten sollen solange die Möglichkeit haben, neue Buchstaben anzeigen zu
lassen und anschließend das Wort erraten zu können, bis entweder
mittels der Buchstaben das Wort vollständig dargestellt wurde oder
das Suchwort korrekt geraten wurde.

Verfahren:

Die Suchwörter sind in data-Zeilen enthalten. Im Rahmen der Prozedur 'zufallswort'waehlen' wird ein Suchwort gewählt und anschließend wird das Wort 'versuch$' in der Länge des Suchwortes mit
Leerzeichen gefüllt (Zeile 390) .
Haben die Kandidaten einen Buchstaben eingegeben, wird im Rahmen
der Prozedur 'symbol'in'versuch'einfuegen' das gesamte Suchwort
Stelle für Stelle daraufhin durchgesehen, ob dieser eingegebene
Buchstabe im Suchwort enhalten ist. Ist dies der Fall, so wird
dieser Buchstabe an der gleichen Stelle in das wort 'versuch$'
geschrieben, an der er im Suchwort steht (Zeile 430). Dieses Wort
'versuch$' wird nun im Hauptprogramm ausgegeben - falls es
gleich dem Suchwort ist, wird das Programm mit einem entsprechenden Kommentar beendet.

Andernfalls haben die Kandidaten jetzt die Möglichkeit, einmal zu
raten; die dabei eingegebene 'antwort$' wird mit dem Suchwort
verglichen und ein entsprechender Kommentar wird ausgedruckt.
Das Programm wird beendet, wenn entweder das durch Buchstaben aufgefüllte Wort 'versuch$' oder die geratene 'antwort$' gleich dem
Suchwort sind.

Hinweise/Erläuterungen:

Die Möglichkeit, daß ein Spieler mehr als einen Buchstaben ein-

gibt, wird einfach dadurch abgefangen, daß die Eingabe b$ auf eine
Stelle dimensioniert wird (Zeile 120). Damit wird stets nur der
erste eingegebene Buchstabe berücksichtigt.

Übungen:

Ergänzen Sie das Programm so, daß die Kandidaten nur eine begrenz-
te Anzahl von Versuchen haben. Dabei ist jeweils auszudrucken,
wieviel Versuche noch verbleiben. (Aber hängen Sie bitte niemanden
auf, nur weil er einmal etwas nicht erraten hat!)

```
0045 // Beispiel 45
0100 // Programm Suchwort
0110 //
0120 dim suchwort$ of 80, versuch$ of 80, antwort$ of 80, b$ of 1
0130 //
0140 data "lokomotive","apfeltorte","syntaxerror"
0150 data "unterwasserboot","fischdampfer"
0160 data "monitor","computer","cbm 8096"
0170 //
0180 zufallswort'waehlen
0190 //
0200 repeat
0210   input "Symbol  ? ": b$
0220   symbol'in'versuch'einfuegen
0230   print versuch$
0240   if versuch$=suchwort$ then
0250     print "Gut, Sie haben es geschafft"
0260   else
0270     input "Wie könnte das Wort lauten ": antwort$
0280     if antwort$=suchwort$ then
0290       print " Richtig geraten"
0300     else
0310       print "Leider falsch"
0320     endif
0330   endif
0340 until versuch$=suchwort$ or antwort$=suchwort$
0350 //
0360 proc zufallswort'waehlen
0370   zufallszahl:=rnd(1,8)
0380   for wort:=1 to zufallszahl do read suchwort$
0390   versuch$(1:len(suchwort$)):=" "
0400 endproc zufallswort'waehlen
0410 proc symbol'in'versuch'einfuegen
0420   for index:=1 to len(suchwort$) do
0430     if suchwort$(index)=b$ then versuch$(index):=b$
0440   endfor index
0450 endproc symbol'in'versuch'einfuegen
```

Beispiel 46: Schwadel-Tabelle

Aufgabenstellung:

1972 erschien im falken-Verlag eine kleines Heftchen, 'Schwadeln leicht gemacht', verfaßt von K. Wießing und B. Hufen. In diesem natürlich nicht ernst gemeinten Heftchen wurde demonstriert, daß man mit Hilfe von willkürlich aus drei Worttabellen zusammengefügten Kombinationen dreier Wörter (die möglichst anspruchsvoll klingen sollten), Texte, Briefe und Anschläge höchst wirkungsvoll aufbessern kann. Dabei müssen sich das zweite und das dritte Wort zu einem Hauptwort zusammensetzen lassen; das erste Wort muß eine sinnvolle Ergänzung bilden können.

Beispiel, mit Hilfe des u.a. Programmes erzeugt:

'restriktive Situations-Akzeptanz'

Wären 1972 die Heimcomputer so verbreitet gewesen wie heute, den Abschluß des Heftchens hätte mit Sicherheit ein (BASIC?)-Programm gebildet, mit dessen Hilfe man aus drei Gruppen von Wörtern oben beschriebene Zufallswortkombinationen bilden kann.

Hier soll ein derartiges Programm 'nachgeliefert' werden; natürlich in der Sprache COMAL !

Verfahren:

Die Wortgruppen sind als data-Zeilen im Programm enthalten. Im Rahmen der Prozedur 'woerter'zaehlen' werden sämtliche Daten gelesen; die Gesamtzahl wird unter 'gesamt' festgehalten, Zeile 330. Beim Lesen der Daten wird ebenfalls die Stellung der Trenndaten '**' und '***' der Wortgruppen in den Variablen 'ende'gruppe1' und 'ende'gruppe2' festgehalten, Zeilen 300 und 310.

Anschließend werden (im Rahmen der zweiten Prozedur) drei Zufallszahlen so gebildet, daß sie jeweils innerhalb der Wortzahl der entsprechenden Gruppen liegen, Zeilen 360 - 380.

Daraufhin können die gewählten Zufallswörter (im Rahmen der dritten Prozedur) gelesen und ausgedruckt werden; hierbei wird bei
jedem Wort der Datazeiger mit RESTORE auf den Anfang der data-
Zeilen gesetzt. Die bereits abgearbeiteten Wortgruppen werden
überlesen, das zufällig gewählte Wort der zu behandelnden Gruppe
wird gelesen und unter Unterdrückung des Zeilenvorschubs mit einer
Leerstelle ';' ausgedruckt.

Übungen:

Ergänzen Sie dieses Programm so, daß 5 derartige Vorschläge ausgedruckt werden, wobei gelten soll, daß sich in zwei aufeinanderfol-
genden Vorschlägen keine Wörter wiederholen.

```
0046 // Beispiel 46
0100 // Schwadel-Tabelle
0110 dim data'$ of 20
0120 data "restriktive","projektive","situative"
0130 data "progressive","kumulative"
0140 data "**","Informations-","Situations-","Akkumulations-"
0150 data "Figurations-"
0160 data "***","Relevanz","Perzeptanz","Akzeptanz","Dominanz"
0170 data "Kumulanz","Toleranz"
0180 //
0190 woerter'zaehlen
0200 zufallswoerter'waehlen
0210 zufallswort'drucken(0,x)
0220 zufallswort'drucken(ende'gruppe1,y)
0230 zufallswort'drucken(ende'gruppe2,z)
0240 //
0250 proc woerter'zaehlen
0260    zahl:=0
0270    repeat
0280      read data'$
0290      zahl:+1
0300      if data'$="**" then ende'gruppe1:=zahl
0310      if data'$="***" then ende'gruppe2:=zahl
0320    until eod
0330    gesamt:=zahl
0340 endproc woerter'zaehlen
0350 proc zufallswoerter'waehlen
0360    x:=rnd(1,ende'gruppe1-1)
0370    y:=rnd(1,ende'gruppe2-ende'gruppe1-1)
0380    z:=rnd(1,gesamt-ende'gruppe2)
0390 endproc zufallswoerter'waehlen
0400 proc zufallswort'drucken(anfang,wortzahl)
0410    restore
0420    for lv:=1 to anfang+wortzahl do
0430      read data'$
0440    endfor lv
0450    print data'$;
0460 endproc zufallswort'drucken
```

Beispiel 47: Alter erraten

Aufgabenstellung:

Es gibt ein Spiel, bei dem einem Mitspieler nacheinander 7 Karten
gegeben werden, wie sie einige Seite weiter dargestellt sind. Der
Mitspieler hat nur jeweils die Frage zu beantworten, ob sein Alter
auf der betreffenden Karte aufgedruckt ist; anschließend kann man
dem Mitspieler sein Alter auf das Jahr genau angeben. Die Altersangabe erhält man, indem man die erste Zahl sämtlicher Karten
addiert, auf denen die Altersangabe des Mitspielers aufgedruckt
war. Es ist ein Programm zu schreiben, das die Zahlentabellen
ausgibt und auf die beschriebene Weise das Alter ermittelt und
ausdruckt.

Verfahren:

Die Technik dieses Spieles besteht darin, die Stellenwertschreib-
weise des Dualsystems auszunutzen. Dies soll am Beispiel der
ersten 4 Zahlen der dritten Karte gezeigt werden.

```
      3         2         1         0
      2         2         2         2
---------------------------------------------
      0         1         0         0     =   4
                                              Dez
      0         1         0         1     =   5
                                              Dez
      0         1         1         0     =   6
                                              Dez
      0         1         1         1     =   7
                                              Dez
```

Für die Dezimalzahlen 4, 5, 6, und 7 gilt, daß sie sämtlich in der
Dualdarstellung an der 3. Stelle von rechts - dezimal 4 - eine 1
aufweisen. Dies gilt für sämtliche Zahlen auf der 3. Karte, wie
sie leicht nachprüfen können.

Entsprechend weisen sämtliche Zahlen auf der ersten Karte in der
Dualdarstellung an der ersten Stelle von rechts eine 1 auf,

sämtliche Zahlen der zweiten Karte an der zweiten Stelle von
rechts eine 1 und so fort bis zur 7. Karte, deren Zahlen in der
Dualdarstellung sämtlich an der siebenten Stelle von rechts in der
Dualdarstellung eine 1 aufweisen. Da der Mensch kaum älter als 127
Jahre werden dürfte, kann man sich mit 7 Karten begnügen.

Wenn man jetzt jemanden auffordert, die Karten von 1 bis 7 durch-
zusehen und jeweils anzugeben, ob sein Alter ausgedruckt ist oder
nicht, fordert man ihn indirekt auf, sein Alter von rechts nach
links in Form einer Dualzahl zu diktieren.

Ich z.B. müßte in der Reihenfolge der Karten antworten:
        Nein, Nein, Ja, Ja, Nein, Ja, Nein.

In umgekehrter Reihenfolge ergibt das die Dualzahl

     0 1 0 1 1 0 0 und das ergibt als Dezimalzahl ??

(Ergänzen Sie notfalls die Stellenwerttabelle oben bis auf 2 hoch
5, falls Sie mit der 44 Schwierigkeiten haben sollten)

Beim Spiel braucht man die Dualzahlen selbst nicht umzusetzen, da
die erste Zahl auf jeder Karte die jeweils zu bildende Potenz zur
Basis 2 als Dezimalzahl darstellt.

Hinweise/Erläuterungen:

Das Programm kann recht kurz gehalten werden, wenn man die Regel-
mäßigkeiten ausnutzt, die in den Zahlengruppen der einzelnen
Karten enthalten sind.

Z.B. stehen auf der 3. Karte 4-er-Gruppen aufeinanderfolgender
Zahlen, wobei die erste Gruppe mit 4 beginnt, die zweite Gruppe
mit 12, die dritte Gruppe mit 20 usw.
Die 4 ist schreibbar als 2 hoch 2; die nächste Gruppe beginnt mit
12, d.h. mit 4 plus (2 hoch 3), die dritte beginnt mit 20, d.h.
mit 12 plus (2 hoch 3) usw.
Allgemein formuliert erhält man die Anfänge der 4-er-Gruppen auf
der dritten Karte, in dem man von 2 hoch (Kartenzahl minus 1) mit
der Schrittweite (2 hoch Kartenzahl) weiterzählt (Zeile 170).

Daß auf dieser dritten Karte stets vier aufeinanderfolgende Zahlen
auszudrucken sind, läßt sich dadurch formulieren, daß zur ersten
Zahl einer Gruppe die Zahlen von 0 bis (4-1) hinzuzuzählen sind,
bevor jeweils gedruckt wird. (Vgl. Zeilen 180 -190).

Sie sehen, die Zahl '2 hoch (Karte-1)' ist der Schlüssel für die
gesamte Darstellung. Diese Schlüsselzahl '2 hoch (Karte-1)' ist
für sämtliche 7 Karten die Startzahl; deshalb wird sie unmittelbar vor Beginn einer neuen Karte gebildet, (Zeile 160). Anschließend werden mit der Schrittweite (2 hoch Karte) von der
Startzahl aus Gruppen von (0 bis Startzahl-1) Zahlen gedruckt.
Nach Abschluß des Ausdruckes einer Karte wird erfragt, ob die
Alterangabe auf der Karte enthalten ist. Beginnt die Antwort mit
einem J oder j, so wird die Startzahl, die ja die erste Zahl auf
jeder Karte bildet, zum bisher ermittelten Alter addiert. Nach
Druck der 7 Karten wird das ermittelte Alter ausgegeben.

Die Zeilen 200 - 210 dienen lediglich dazu, die Zahlenkolonnen in
etwa für die Druckbreite des Buches einzurichten; vgl. hierzu auch
die Übungsaufgabe.

Übungen:

Wie Sie feststellen können, werden die Karten von diesem Programm
nicht besonders elegant ausgedruckt; die erste Zeile ist nicht
vollständig gefüllt. Bitte suchen und beseitigen Sie den Fehler.

```
0047 // Beispiel 47
0100 // Alter erraten
0110 //
0120 dim antwort$ of 1
0130 zone 4
0140 alter:=0; gedruckte'zahlen:=0
0150 for karte:=1 to 7 do
0160    startzahl:=2↑(karte-1)
0170    for lv1:=startzahl to 127 step 2↑(karte) do
0180       for lv2:=0 to startzahl-1 do
0190          print lv1+lv2,
0200          gedruckte'zahlen:+1
0210          if gedruckte'zahlen mod 10=0 then print
0220       endfor lv2
0230    endfor lv1
0240    print
0250    print
0260    input "Ist Ihr Alter dabei ": antwort$
0270    if antwort$ in "Jj" then alter:+startzahl
0280 endfor karte
0290 print "Ihr Alter beträgt :";alter;" Jahre"
```

```
1    3    5    7    9    11   13   15   17   19
21   23   25   27   29   31   33   35   37   39
41   43   45   47   49   51   53   55   57   59
61   63   65   67   69   71   73   75   77   79
81   83   85   87   89   91   93   95   97   99
101  103  105  107  109  111  113  115  117  119
121  123  125  127

2    3    6    7    10   11
14   15   18   19   22   23   26   27   30   31
34   35   38   39   42   43   46   47   50   51
54   55   58   59   62   63   66   67   70   71
74   75   78   79   82   83   86   87   90   91
94   95   98   99   102  103  106  107  110  111
114  115  118  119  122  123  126  127

4    5
6    7    12   13   14   15   20   21   22   23
28   29   30   31   36   37   38   39   44   45
46   47   52   53   54   55   60   61   62   63
68   69   70   71   76   77   78   79   84   85
86   87   92   93   94   95   100  101  102  103
108  109  110  111  116  117  118  119  124  125
126  127

8    9    10   11   12   13   14   15
24   25   26   27   28   29   30   31   40   41
42   43   44   45   46   47   56   57   58   59
60   61   62   63   72   73   74   75   76   77
78   79   88   89   90   91   92   93   94   95
104  105  106  107  108  109  110  111  120  121
122  123  124  125  126  127

16   17   18   19
20   21   22   23   24   25   26   27   28   29
30   31   48   49   50   51   52   53   54   55
56   57   58   59   60   61   62   63   80   81
82   83   84   85   86   87   88   89   90   91
92   93   94   95   112  113  114  115  116  117
118  119  120  121  122  123  124  125  126  127


32   33   34   35   36   37   38   39   40   41
42   43   44   45   46   47   48   49   50   51
52   53   54   55   56   57   58   59   60   61
62   63   96   97   98   99   100  101  102  103
104  105  106  107  108  109  110  111  112  113
114  115  116  117  118  119  120  121  122  123
124  125  126  127

64   65   66   67   68   69
70   71   72   73   74   75   76   77   78   79
80   81   82   83   84   85   86   87   88   89
90   91   92   93   94   95   96   97   98   99
100  101  102  103  104  105  106  107  108  109
110  111  112  113  114  115  116  117  118  119
120  121  122  123  124  125  126  127

Ihr Alter beträgt : 44   Jahre
```

Beispiel 48: Graphen poken

Aufgabenstellung:

Mit Hilfe des Befehls POKE sind ein Koordinatenkreuz sowie der
Graph zu f(x) = x $\uparrow$ 2 auf den Bildschirm zu zeichnen. Dabei sind
für das Zeichnen der Achsen und des Graphen sowie für die Unterdrückung der Meldung 'end at ....' getrennte Prozeduren zu formulieren.

Verfahren:

Der Bildschirm der Geräte der 8000er Serie der Fa. Commodore umfaßt 2000 Stellen mit den Adressen von 32768 bis 34767.

Der Mittelpunkt des Bildschirmes ist also etwa mit der Adresse
33767 anzusprechen. Diese Zahl wird als Bezugspunkt gewählt.

Mit den Adressen von (33767-39) bis (33767+40) hat man sämtliche
Adressen der mittleren Zeile des Bildschirmes erfaßt; hier wird in
Zeile 230 durch

        poke(33767+lx),46

ein Punkt (ASCII = 46) eingetragen. Dabei läuft lx von -39 bis
+40 .

Entsprechend läßt sich vom Mittelpunkt aus eine Senkrechte eintragen, wenn man bedenkt, daß wegen der Zeilenlänge von 80 Anschlägen
ein Bildpunkt, der genau eine Zeile über einem anderen liegt, eine
um 80 niedrigere Adresse hat.

Die senkrechte Achse wird durch die Zeile 290 erzeugt.

Genauso einfach ist es, den Graphen zu skizzieren. Um einen Punkt
mit den Koordinaten (x, y) einzutragen, genügt es, zur Adresse des
Koordinatenursprunges (33767) x Einheiten hinzuzuzählen (dies
bewirkt ein Wandern in horizontaler Richtung) und 80*y Einheiten
abzuziehen. (Vgl. Prozedur 'poke'(x,y)', die aus der Prozedur
'graph'zeichnen' ausgelagert wurde).

Abzuziehen ist dieser Wert deshalb, weil Punkte des Graphen mit
positivem y-Wert oberhalb der x-Achse liegen, also in Bildschirm-
punkten mit geringerer Adresse darzustellen sind; für Punkte mit
negativem y-Wert erhöht sich die Bildschirmadresse. Die Multiplikation mit 80 bewirkt, daß in senkrechter Richtung von Zeile zu
Zeile gesprungen wird. In Zeile 420 wird ein Zeichnen außerhalb
des Schirmes unterdrückt.

Hinweise/Erläuterungen:

Die angegebenen Adressen beziehen sich sämtlich auf Commodore-
Geräte der Serie 8000. Für den C 64 sind die Adressen entsprechend
zu ändern - vgl. Programmlisting.
Durch die Prozedur ab Zeile 450 wird die Ausgabe 'end at ...'
unterdrückt; in Zeile 460 wird die normale Funktion der
CTRL+STOP-Taste ausgeschaltet und das Programm durchläuft
anschließend die Warteschleife der Zeilen 470 und 480 , bis die
CTRL+STOP-Taste gedrückt wird.

Anschließend wird der normale Modus mit trap esc+ wieder einge-
schaltet.

Um einen anderen Graphen zu zeichnen, genügt es, die Zeile 350
entsprechend abzuändern.

Übungen:

Das Beispiel stellt nur ein sehr einfaches Grundkonzept dar.
Erweitern Sie das Programm so, daß man auch für die y-Richtung des
darzustellenden Bereiches Intervallgrenzen eingeben kann.

Fügen Sie anschließend Streckfaktoren für die x- und die
y-Richtung dergestalt ein, daß die gewählten Intervallgrenzen
möglichst nahe an den Bildschirmrändern liegen. Auf diese Weise
können Sie Teile des Graphen wie unter einer Lupe betrachten.

Der Startpunkt für Koordinatenkreuz und Graph ist bezogen auf die
eingegebenen Intervallgrenzen zu berechnen.

```
0048 // Beispiel 48
0100 // Graphen poken
0110 input " Linke Intervallgrenze ": links
0120 input " Rechte Intervallgrenze ": rechts
0130 print chr$(147)
0140 //
0150 x'achse'zeichnen
0160 y'achse'zeichnen
0170 graph'zeichnen
0180 meldung'end'at'abfangen
0190 //
0200 //
0210 proc x'achse'zeichnen    //   C 64 - Änderungen
0220    for lx:=-39 to 40 do //   -19 to 20
0230       poke (33767+lx),46 //    (1524+ lx),46
0240    endfor lx
0250 endproc x'achse'zeichnen
0260 //
0270 proc y'achse'zeichnen
0280    for ly:=-12 to 12 do
0290       poke (33767+80*ly),46 // (1524 + 40*ly),46
0300    endfor ly
0310 endproc y'achse'zeichnen
0320 //
0330 proc graph'zeichnen
0340    for x:=links to rechts do
0350       y:=x↑2
0360       poke'(x,y)
0370    endfor x
0380 endproc graph'zeichnen
0390 //
0400 proc poke'(x,y)
0410    a:=33767+2*x-80*y // a := 1524 +2*x - 40*y
0420    if (a>=32768 and a<=34767) then poke a,46
0430 endproc poke' // a>=1024 and a<= 2023
0440 //
0450 proc meldung'end'at'abfangen
0460    trap esc-
0470    repeat
0480    until esc=1
0490    trap esc+
0500 endproc meldung'end'at'abfangen
```

5.3 Struktur und Bausteine eines einfachen Dateiverwaltungs-
    programms

Die in diesem Abschnitt aufgeführten Beispiele sind voneinander
abhängig, da sie sinnvoll kombiniert und ergänzt ein funktions-
fähiges Gesamtprogramm bilden sollen.
Die Einzelprogramme müssen sich daher widerspruchsfrei in eine
Gesamtstruktur einfügen.

Da die Gesamtstruktur m.E. wichtiger ist als die Einzelaktivität,
die leicht geändert werden kann, sollte man zunächst die Struktur
des Gesamtprogramms aufstellen und testen, ohne die Einzelaktivi-
täten bereits zu formulieren. In der Sprache COMAL ist dies leicht
zu bewerkstelligen.

Vorschlag zur Erstellung eines Dateiverwaltungsprogramms:

1) Der Inhalt eines Datensatz, einer 'Karteikarte', wird festgelegt; außerdem werden Variable für

- den Namen der gesamten Datei (datei$)
- die Anzahl der maximal zu verwaltenden Sätze (max)
- die Anzahl der Eintragungen je Satz (woerter) und
- die Bezeichnung für die aktuelle Satzanzahl der Datei (anzahl)

bereits jetzt festgelegt, da man auf diese Variablen im Rahmen der
meisten Aktivitäten wird zurückgreifen müssen.

2) Die gewünschten Leistungen des Programms werden festgelegt und
in Form eines Blockschemas zusammengestellt, wobei die einzelnen
Blöcke von einem Hauptverteiler aus angesprochen werden können.

Da innerhalb eines Programmablaufes nur einmal dimensioniert
werden darf, ist es sinnvoll, einen gesonderten Block 'Dimensionierungen' vor den Hauptverteiler zu schalten, da so versehent-
liche Redimensionierungen ausgeschlossen werden.

Das Gesamtprogramm hat damit z.B. folgende Struktur erhalten:

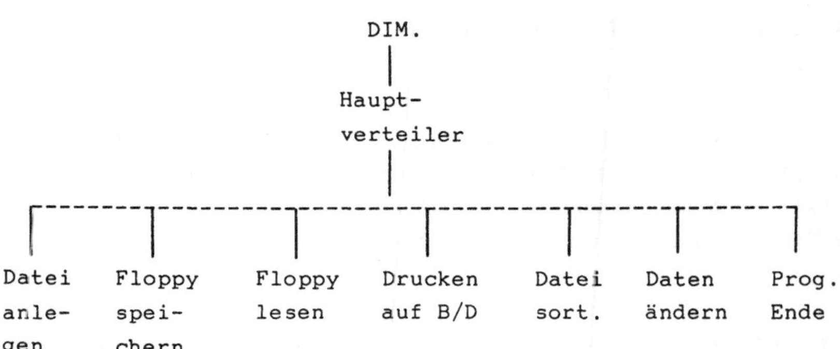

Je nach den gewünschten Leistungen kann nun jeder Block weiter
unterteilt werden. So könnte man z.B. alternative Sortierverfahren
zur Verfügung stellen; hier soll einmal der Block 'Daten ändern'
unterteilt werden in die Aktivitäten 'Daten suchen', 'Daten
korrigieren' und 'Daten löschen'.
Mit der Unterteilung wird aus dem bisherigen Block 'Daten ändern'
ein Unterverteiler, von dem aus die drei beschriebenen Aktivitäten
angewählt werden können; außerdem muß ein gezielter Rücksprung zum
Hauptverteiler möglich sein.

Die verfeinerte Struktur sieht dann wie folgt aus:

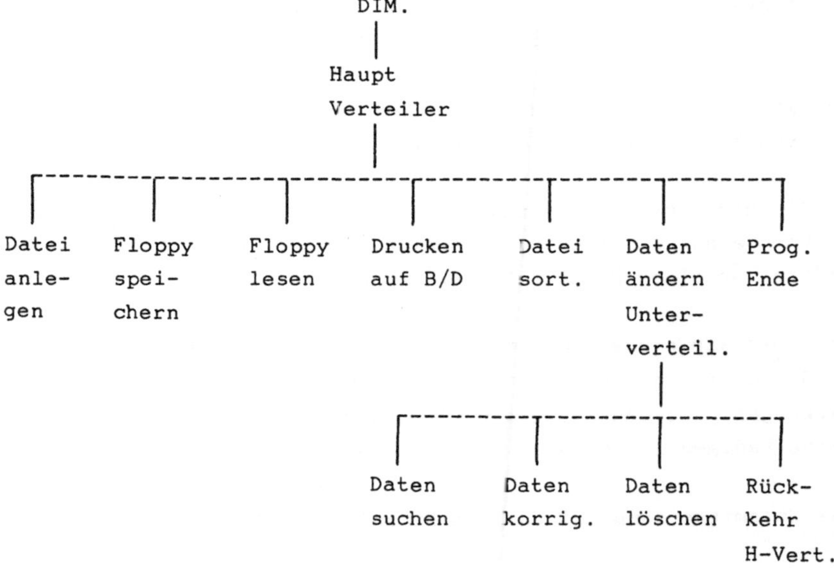

3) Bevor Sie jetzt daran gehen, die einzelnen Abschnitte
auszuarbeiten, können Sie die Gesamtstruktur bereits codieren und
testen, d.h. Sie können feststellen, ob die einzelnen Aufrufe
widerspruchsfrei sind und ob das Gesamtprogramm im Prinzip das
leistet, was Sie sich vorgestellt haben.
Zunächst sollten Sie festlegen, ob Sie offene oder geschlossene
Prozeduren verwenden wollen. Ich halte im Rahmen dieses Datei-
verwaltungsprogrammes geschlossene Prozeduren für sinnvoll, da
hierdurch unbeabsichtigte Rückwirkungen auf das Hauptprogramm
ausgeschlossen werden und Sie somit die einzelnen Bauteile leicht
in anderen Programmen einsetzen können. Die Verteiler dieses
Programmes werden als offene Prozeduren formuliert, da das
Gesamtprogramm auch unter Version 2.0 lauffähig sein soll und
meine 2.0-Version den Aufruf von Prozeduren aus geschlossenen
Prozeduren nicht zuläßt.
Anschließend können Sie die Gesamtstruktur von oben nach unten und
dabei von links nach rechts abarbeiten.

Die nachfolgend angegebenen Zeilennummern sind so gewählt, daß man
unter der Version 0.14 die einzelnen Prozeduren mit ENTER direkt
in diese Grundstruktur einklinken kann, ohne per Hand evtl. überflüssig werdende Zeilen entfernen zu müssen. Das derart zusammen-
gesetzte Programm ist sofort lauffähig, auch wenn nur einzelne
gerade benötigte Prozeduren eingesetzt wurden.

4) Jetzt erst gehen Sie daran, die einzelnen Prozeduren zu formulieren.
Haben Sie eine Prozedur fertiggestellt, so speichern Sie sie am
praktischsten mit
        list 'E-Prozedurname'   (E für 'enter')
auf der Floppy ab.
Derartige mit list gespeicherte Programmteile können Sie später
mit
        enter 'E-Prozedurname'   (nicht aber mit load !)
          (bei Version 2.0 : merge Zeilennummer 'Name')
von der Floppy laden und in ein im Arbeitsspeicher befindliches
Programm stellenrichtig einfügen, denn :
*   *

* ENTER löscht das im Arbeitspeicher befindliche Programm nicht *

*   *

Jede einzelne Prozedur prüfen Sie natürlich vor dem Abspeichern
mit RUN auf Strukturfehler.

Wenn Sie beispielsweise die Prozeduren für das Anlegen, Speichern
und Ausdrucken der Datei fertiggestellt haben, laden Sie ihr
Strukturprogramm und fügen die Prozeduren mit ENTER hinzu.

Treten jetzt noch Fehler auf, können Sie nur innerhalb der betreffenden Prozedur liegen und sind so einfacher zu finden, als wenn
Sie auch noch Fehler in anderen Prozeduren oder in der Programm-
struktur selbst zu berücksichtigen hätten.

Nach diesen Vorüberlegungen können Sie nun daran gehen, die einzelnen Prozeduren für ein Dateiverwaltungsprogramm nach Ihren Wün-
schen zu entwerfen.

Einige Vorschläge sind in den nachfolgenden Beispielen enthalten.
Die aufgeführten Vorschläge enthalten dabei nur das notwendige
Grundgerüst; Sie müßten die Beispiele nach Ihren Vorstellungen
ergänzen. So sollte z.B. nach jedem Aufruf einer neuen Aktivität
in einer Kopfzeile auf dem Schirm ausgegeben werden, wieviel
Datensätze sich gerade im Hauptspeicher befinden, da man sonst
Gefahr läuft, ungewollt Dateien zu überschreiben.
Weiterhin sollte der Benutzer im Rahmen verschiedener Prozeduren
die Möglichkeit haben, eine Kurzform der im Arbeitsspeicher befindlichen Datei auf dem Schirm auszugeben.
Derartige, dem Benutzerkomfort dienende Teile sind in den Beispielen nicht enthalten; die Vorschläge entsprechend zu ergänzen sei
hier als allgemeine Übungsaufgabe angeregt.
Weiterhin können Teile, die in mehreren Prozeduren in identischer
Form enthalten sind, als zusätzliche Prozeduren ausgelagert
werden. Hier wurden keine Auslagerungen vorgenommen, um die oben
beschriebene Einfügung auch einzelner Prozeduren in die Gesamtstruktur jederzeit problemlos vornehmen zu können und um die
einzelnen Prozeduren jeweils als vollständiges 'Programm' leicht
nachvollziehbar zu gestalten.
Ebenfalls aus Gründen der Übersichtlichkeit wurden bei den
Prozeduren gleiche Variablen benutzt - infolge der Benutzung von
Parametern ist dies nicht zwingend erforderlich.

Beispiel 49: Dateiverwaltung/Struktur

Aufgabenstellung:

Das dem vorgestellten Blockdiagramm entsprechende Strukturprogramm
ist zu formulieren.

Verfahren:

Im Rahmen der Gesamtstruktur formulieren Sie also zunächst einen
Teil, in dem die gewünschten Dimensionen der Datei eingelesen und
die Datei mit diesen Angaben dimensioniert wird (Zeile 112) .

Anschließend formulieren Sie ein Menü zur Auswahl der Blöcke der
ersten Reihe und fügen eine CASE-Struktur zur Durchführung der
Auswahl an (Zeilen 160 - 194).

Nun codieren Sie die Blöcke der ersten Reihe als geschlossene
(Leer)-Prozeduren mit Refernzparametern, wobei Sie sich nur zu
fragen haben, auf welche Variablen sich diese Prozeduren jeweils
beziehen sollen. Außerdem sollten Sie festlegen, mit welchen
Zeilennummern die endgültigen Prozeduren beginnen sollen; ich habe
die Zeilennummern in der Reihenfolge 1000, 2000, 3000, usw.
gewählt. Die hier zu formulierenden Leerprozeduren erhalten die
gleichen Zeilennummern, damit die später mit ENTER eingefügten
fertigen Prozeduren die Leerprozeduren vollständig überschreiben.

Damit erhält z.B. die Prozedur zur Einrichtung bzw. Verlängerung
der Datei (Zeilen 1000 - 1030) den Kopf

```
proc anlegen'verl(ref datei$(,),ref max,ref anzahl,ref woerter)
                                                       closed ,
```
da sich diese Prozedur auf

- die zweidimensionale (,) Datei$ bezieht,
- die Maximalzahl der Sätze zu berücksichtigen ist, da jeder
  eingegebene Satz die Anzahl aktueller Sätze erhöht;
- die Anzahl der Sätze und hier wiederum
- die pro Satz festgelegte Anzahl von Wörtern zu berücksichtigen
  ist.

Die diesem Prozedurkopf entsprechende Zeile (ohne PROC und REF)
fügen Sie in die CASE-Struktur unter dem entsprechenden WHEN ein,
hier in Zeile 164.

Entsprechende Zeilen formulieren Sie für alle Blöcke der ersten
Ebene.
Dabei sollten Sie zunächst nur in einer print-Anweisung aufschrei-
ben, was diese Prozedur leisten soll; zum Abschluß ist unbedingt
eine Zeile mit ENDPROC - ohne Prozedurnamen - einzugeben; das
System ergänzt den Namen später. (Die Anweisung NULL in den
Prozeduren des Beispiels 49 bedeutet: Tue nichts).

Der Block 6 besteht aus einem zweiten Menü und einem zweiten Verteiler; für diesen zweiten Verteiler sollten Sie Zeilennummern
unter 1000 wählen, um später Kollisionen mit einzufügenden Prozeduren zu vermeiden. Auf diese Weise gerät Block 6 an die Stelle
vor Block 1 im Strukturprogramm. Für COMAL ist die Stellung einer
Prozedur im Gesamtprogramm jedoch ohne Bedeutung.

Wenn Sie auf diese Weise vorgehen, erhalten Sie ein Programm, das
die Gesamtstruktur darstellt und bisher nur leere Prozeduren enthält.

Geben Sie nun
                    RUN
ein, so wird geprüft, ob die Struktur formal in Ordnung ist; Fehler können Sie bereits jetzt im noch gut überschaubaren Programm
leicht korrigieren.

Anschließend lassen Sie dieses Programm einmal laufen und prüfen,
ob Sie wirklich alle Aktivitäten so anwählen können, wie Sie es
sich vorgestellt haben. Ist dies der Fall, so ist Ihr Programm von
der Struktur her in Ordnung.

Die STOP-Anweisung in jeder Leerprozedur bewirkt, daß Sie den Inhalt der Printanweisung ungestört lesen können und sich evtl.
Zusatznotizen machen können.

Durch Eingabe von CON (für continue) wird der Programmablauf fortgesetzt.

```
0049 // Beispiel 49
0100 //Datei-Struktur
0102 print chr$(147)
0104 input "Maximalzahl der Sätze :": max
0106 woerter:=3
0108 print "Anzahl Daten pro Satz :    3"
0110 for zeit:=1 to 1000 do null // Warteschleife
0112 dim datei$(max,woerter+1) of 20 // +Sortierstring
0114 data "Name        :","Vorname   :","Geb.Datum:"
0116 anzahl:=0
0118 // Hauptmenue
0120 repeat
0122    print chr$(147)
0124    print                                           Satz"
0126    print "Dateiverwaltung ";max;"Sätze /";woerter;"Daten je
0128    print
0130    print "Datei anlegen/verlängern ZE    ...........1"
0132    print
0134    print "Datei auf Floppy speichern  .............2"
0136    print
0138    print "Datei von Floppy einlesen   .............3"
0140    print
0142    print "Daten ausdrucken B/D        .............4"
0144    print
0146    print "Daten sortieren in der ZE ...............5"
0148    print
0150    print "Datei ändern in der ZE      .............6"
0152    print
0154    print "Programmende                ..............9"
0156    print
0158    input "Ihre Wahl ": wahl
0160    case wahl of
0162    when 1
0164      anlegen'verl(datei$,max,anzahl,woerter)
0166    when 2
0168      floppy'speichern(datei$,anzahl,woerter)
0170    when 3
0172      floppy'lesen(datei$,anzahl,woerter)
0174    when 4
0176      daten'ausdrucken(datei$,anzahl,woerter)
0178    when 5
0180      sortieren'in'der'ze(datei$,anzahl,woerter)
0182    when 6
0184      aendern'in'der'ze(datei$,anzahl,woerter)
0186    when 9
0188      ende
0190    otherwise
0192      print "Fehleingabe"
0194    endcase
0196 until wahl=9
0198 //
0200 proc aendern'in'der'ze(ref datei$(,),ref anzahl,ref woerter)
0202    repeat
0204      print chr$(147)
0206      print "Verteiler Ändern"
0208      print
0210      print "Suchen ..........1"
0212      print
0214      print "Korrigieren.......2"
```

```
0216       print
0218       print "Löschen...........3"
0220       print
0222       print "Rückkehr Hauptverteiler 9"
0224       print
0226       input "Ihre Wahl ": wahl2
0228       case wahl2 of
0230       when 1
0232          daten'suchen(datei$,anzahl,woerter)
0234       when 2
0236          daten'korrigieren(datei$,anzahl,woerter)
0238       when 3
0240          daten'loeschen(datei$,anzahl,woerter)
0242       when 9
0244          rueckkehr'hauptverteiler
0246       otherwise
0248          print "Fehleingabe"
0250       endcase
0252     until wahl2=9
0254 endproc aendern'in'der'ze
0256 proc rueckkehr'hauptverteiler
0258   for zeit:=1 to 1000 do null
0260 endproc rueckkehr'hauptverteiler                         ) closed
1000 proc anlegen'verl(ref datei$(,),ref max,ref anzahl,ref woerter
1010   print "Datensätze sind einzugeben"
1020   stop
1030 endproc anlegen'verl                                       closed
2000 proc floppy'speichern(ref datei$(,),ref anzahl,ref woerter)
2010   print "Eingelesene Daten auf Floppy speichern"
2020   stop
2030 endproc floppy'speichern
3000 proc floppy'lesen(ref datei$(,),ref anzahl,ref woerter) closed
3010   print "Daten von der Floppy lesen"
3020   stop
3030 endproc floppy'lesen                                       closed
4000 proc daten'ausdrucken(ref datei$(,),ref anzahl,ref woerter)
4010   print "Eingelesene Daten alternativ über B/D in Grenzen
4020   stop                                          ausdrucken "
4030 endproc daten'ausdrucken                                   closed
5000 proc sortieren'in'der'ze(ref datei$(,),ref anzahl,ref woerter)
5010   print "Eingelesene Daten sortieren"
5020   stop
5030 endproc sortieren'in'der'ze
6000 proc daten'suchen(ref datei$(,),ref anzahl,ref woerter) closed
6010   print "Daten werden durchsucht"
6020   stop
6030 endproc daten'suchen                                       closed
7000 proc daten'korrigieren(ref datei$(,),ref anzahl,ref woerter)
7010   print "Daten ändern"
7020   stop
7030 endproc daten'korrigieren                                  closed
8000 proc daten'loeschen(ref datei$(,),ref anzahl,ref woerter)
8010   print "Daten werden gelöscht"
8020   stop
8030 endproc daten'loeschen
9000 proc ende
9010   print "Programm korrekt abschließen"
9020   stop
9030 endproc ende
```

Beispiel 50: PROC anlegen'verlaengern

Aufgabenstellung:

Eine geschlossene Prozedur mit Referenzparametern ist zu formu-
lieren, mit deren Hilfe die in diesem Abschnitt zugrunde gelegte
Datei im Arbeitspeicher angelegt bzw. verlängert werden kann.
Einzugeben ist die Anzahl der einzulesenden Sätze; ein vorzeitiger
Abbruch muß jederzeit durch die Eingabe von '***' möglich sein.

Verfahren:

Wie bei den weiteren Prozeduren auch wird die Datei, die aus meh-
reren Sätzen besteht, die ihrerseits wiederum aus verschiedenen
Wörtern bestehen, als zweidimensionales Textfeld aufgefaßt.
In diesem Beispiel hat das Feld 'datei$' 'anzahl' Zeilen und 3
Spalten. Daher kann das Einlesen der Datei gehandhabt werden wie
das zeilen- und spaltenweise Einlesen einer Matrix; vgl. Zeilen
1080 und 1100ff.
Um beim Einlesen eines Wortes stets einen sinnvollen Kommentar
ausgeben zu können, werden die Kommentare im Hauptprogramm als
Datazeile abgelegt, von der Prozedur aus aufgerufen und bei der
Eingabe des zugehörigen Wortes als Kommentar ausgegeben, vgl.
Zeilen 1090, 1110, 1120.
Mit der Eingabe des sonst sicher nicht vorkommenden Strings '***'
anstelle eines Wortes kann der Einlesevorgang jederzeit beendet
werden; regulär wird er beendet, wenn x Sätze eingelesen wurden,
vgl. Zeilen 1140, 1180.
Damit die Prozedur nicht nur für die Erstanlage einer Datei sondern auch für die Verlängerung einer bereits im Arbeitsspeicher
befindlichen Datei genutzt werden kann, läuft die Nr. der einzugebenden Sätze von 'anzahl+1' bis 'anzahl+x' (Zeile 1080); mit
'anzahl' soll ja vereinbarungsgemäß die aktuelle Zahl bereits im
Hauptspeicher befindlicher Sätze bezeichnet werden.
Die Variable 'anzahl' wird daher nur im Hauptprogramm auf Null
gesetzt (Zeile 116); in den Prozeduren wird stets die evtl. durch
bereits ausgeführte Prozeduren geänderte Zahl 'anzahl' berücksichtigt. Damit nur die Zahl vollständig eingegebener Sätze berücksichtigt wird, wird der aktuelle Wert von 'anzahl' erst in Zeile
1160 erhöht.

```
0050 // Beispiel 50
1000 //                                               closed
1010 proc anlegen'verl(ref datei$(,),ref max,ref anzahl,ref woerter)
1020   dim data'$ of 10
1030   print chr$(147)
1040   print "Wieviele Datensätze sind einzugeben (max:";max;"):";
1050   input x
1060   print "Vorzeitiger Abbruch möglich durch Eingabe von '***' "
1070   print
1080   for satz:=anzahl+1 to anzahl+x do
1090     restore
1100     for wort:=1 to woerter do
1110       read data'$
1120       print data'$;
1130       input datei$(satz,wort)
1140       if datei$(satz,wort)="***" then goto prozedurende
1150     endfor wort
1160     anzahl:+1
1170   endfor satz
1180 prozedurende:
1190 endproc anlegen'verl


0051 // Beispiel 51
2000 //                                               closed
2010 proc floppy'speichern(ref datei$(,),ref anzahl,ref woerter)
2020   dim dateiname$ of 15, fehler$ of 2, modus$ of 1
2030   print chr$(147)
2040   input "Name der zu speichernden Datei :": dateiname$
2050   input "Laufwerk                       :": laufwerk
2060   input "Neuanlage oder verlängern     :": modus$
2070   if modus$ in "Nn" then
2080     open file 1,"§+(laufwerk)"+":"+dateiname$ write
2090   else
2100     open file 1,"§+(laufwerk)"+":"+dateiname$,append
2110   endif
2120   fehler$:=status$
2130   if fehler$="00" then
2140     for satz:=1 to anzahl do
2150       for wort:=1 to woerter do
2160         write file 1: datei$(satz,wort)
2170       endfor wort
2180     endfor satz
2190     close file 1
2200   else
2210     print "Floppyfehler : ";fehler$
2220     print "Abbruch"
2230     stop
2240   endif
2250 endproc floppy'speichern
```

Beispiel 51: PROC floppy'speichern

Aufgabenstellung:

Eine geschlossene Prozedur mit Referenzparametern ist zu formulieren, mit deren Hilfe die im Arbeitsspeicher befindliche Datei
unter einem frei wählbaren Namen und wahlweise auf Laufwerk 0 oder
1 abgespeichert werden kann.

Verfahren:

In Abhängigkeit vom eingegebenen Modus wird (in Zeile 2080) durch
OPEN ... WRITE ein file zum gewünschten Laufwerk geöffnet, um
eine Datei gewünschten Namens dort schreiben bzw. mittels OPEN
... APPEND (in Zeile 2100) dort verlängern zu können.
Das '§'-Zeichen (chr$(64)) in Zeile 2080 bewirkt, daß eine unter
gleichem Namen bereits auf diesem Laufwerk existierende Datei
gelöscht und durch die neue Datei überschrieben wird - APPEND hebt
diese Wirkung auf.
In Zeile 2130 wird geprüft, ob der Floppy-Status keinen Fehler
anzeigt. Die Doppelnull an den ersten beiden Stellen des Status
bedeutet 'Kein Fehler'. (Zur Notwendigkeit des Umspeicherns des
Status in Zeile 2120 vgl. Beispiel 52). Wird ein Fehler festgestellt, so stoppt das Programm in Zeile 2230. Andernfalls wird
in den Zeilen 2140 bis 2180 die Datei wie eine Matrix ausge-
schrieben.
In Zeile 2190 wird der 'Datenübertragungskanal' geschlossen.

Übungen:

Schreiben Sie die Prozedur so um, daß vor dem Öffnen in Zeile 2080
geprüft wird, ob eine Datei gleichen Namens existiert. In diesem
Fall enthält der Diskettenstatus in den ersten beiden Stellen die
Ziffernfolge '63'.
Tritt dieser Fall ein, so ist der Benutzer zu fragen, ob die bereits existierende Datei wirklich überschrieben werden soll;
sollte dies nicht der Fall ist, soll der Benutzer die Möglichkeit
haben, einen neuen Dateinamen zu vergeben.
Weiterhin sollte die Möglichkeit abgefangen werden, daß die Diskette mit einem Schreibschutz versehen ist, Fehlermeldung '26'.

Beispiel 52: PROC floppy'lesen

Aufgabenstellung:

Eine geschlossene Prozedur mit Referenzparametern ist zu formulieren, mit deren Hilfe eine auf der Floppy befindliche Datei in
den Arbeitsspeicher eingelesen werden kann. Dateinamen und Lauf-
werknummer müssen frei wählbar sein. Durch das Einlesen dieser
Datei sollen evtl. im Hauptspeicher befindliche Sätze überschrieben werden.

Verfahren:

In Zeile 3060 wird durch OPEN ein file zum gewünschten Laufwerk
geöffnet, um eine Datei gewünschten Namens von diesem Laufwerk
einlesen zu können.
Gelesen wird, wenn der Diskettenstatus keinen Fehler anzeigt -
'00' in Zeile 3080 - und zwar bis zum Ende der Datei, die mit
FILE 1 angesprochen wurde. (Zeile 3150).
Die von der Diskette eingelesenen Sätze werden mitgezählt, nach
dem Lesevorgang wird dieser Wert der Variablen 'anzahl' übergeben.
Wird beim Öffnen von FILE 1 ein Diskettenfehler festgestellt, so
stoppt das Programm in Zeile 3210.
Das Umspeichern des Diskettenstatus 'status$' auf die String-
variable 'fehler$' ist erforderlich, da aus 'status$' kein
Teilstring herausgegriffen werden kann. Da 'fehler$' auf zwei
Stellen dimensioniert wurde, werden automatisch nur die beiden
ersten Stellen des Diskettenstatus übertragen.

Übungen:

Hier bietet sich an, die Prozedur so zu erweitern, daß je nach
aufgetretenem Diskettenfehler ein entsprechender Kommentar ausgegeben wird, damit der Benutzer den Fehler gezielt beseitigen
kann.
Zwei evtl. vorkommende Diskettenfehler; wie stets bezogen auf
Commodore Serie 8000:

       '62'   -   Datei nicht gefunden
       '74'   -   Keine Diskette im Laufwerk

```
0052 // Beispiel 52
3000 //
3010 proc floppy'lesen(ref datei$(,),ref anzahl,ref woerter) closed
3020   dim dateiname$ of 15, fehler$ of 2
3030   print chr$(147)
3040   input "Name der zu lesenden Datei :": dateiname$
3050   input "Laufwerk    :": laufwerk
3060   open file 1,"(laufwerk)"+":"+dateiname$,read
3070   fehler$:=status$
3080   if fehler$="00" then
3090     satz:=0
3100     repeat
3110       satz:+1
3120       for wort:=1 to woerter do
3130         read file 1: datei$(satz,wort)
3140       endfor wort
3150     until eof(1)
3160     anzahl:=satz
3170     close file 1
3180   else
3190     print "Floppyfehler : ";fehler$
3200     print "Abbruch"
3210     stop
3220   endif
3230 endproc floppy'lesen


0053 // Beispiel 53
4000 //                                            closed
4010 proc daten'ausdrucken(ref datei$(,),ref anzahl,ref woerter)
4020   dim data'$ of 10, a$ of 1
4030   print chr$(147)
4040   input "Welche Sätze sind auszugeben : von :": von
4050   input "                              bis :": bis
4060   input "Ausgaben über Drucker oder Bildschirm (D/B) :": a$
4070   if a$ in "Dd" then select output "lp:"
4080   for satz:=von to bis do
4090     restore
4100     for wort:=1 to woerter do
4110       read data'$
4120       print data'$;
4130       print datei$(satz,wort)
4140     endfor wort
4150     if a$ in "Bb" then // Warteschleife
4160       poke 158,0 // 198,0   beim C 64
4170       repeat
4180       until peek(158)>0 // (198)>0
4190       poke 158,0 // 198,0
4200     endif
4210   endfor satz
4220   select output "ds:"
4230 endproc daten'ausdrucken
4240 //
```

Beispiel 53: PROC daten'ausdrucken

Aufgabenstellung:

Eine geschlossene Prozedur mit Referenzparametern ist zu formulieren, mit deren Hilfe eine im Arbeitsspeicher befindliche Datei
wahlweise auf dem Drucker oder auf dem Bildschirm ausgegeben
werden kann.
Dabei soll wählbar sein, von welchem Satz bis zu welchem Satz die
Datei ausgegeben werden soll. Weiterhin soll für den Fall der
Bildschirmausgabe nach Ausdrucken eines jeden vollständigen Satzes
die Ausgabe unterbrochen und erst auf Tastendruck fortgesetzt
werden.

Verfahren:

In den Zeilen 4040 bis 4060 wird erfragt, welche Sätze auf welchem Medium ausgegeben werden sollen.

Anschließend werden die gewünschten Sätze ausgegeben, wobei wie
bei der Prozedur 'anlegen'verlaengern' bereits erläutert, die
Kommentare zur Ausgabe aus den Datazeilen des Hauptprogrammes
gelesen werden.

Die Zeilen 4170 bis 4180 bilden eine Warteschleife, die nur auf
Tastendruck verlassen wird. Bei den Commodore-Geräten der Serie
8000 wird in der Speicherstelle 158 festgehalten, wieviel Symbole
sich im Tastaturspeicher befinden. Dieser Wert wird in Zeile 4160
auf Null gesetzt. Anschließend wird die Warteschleife durchlaufen,
bis eine Taste gedrückt wurde, denn dann wird in Zeile 4180
festgestellt, daß nunmehr an der Stelle 158 eine '1' steht. Das
Rücksetzen auf Null in Zeile 4190 ist erforderlich, da sonst bei
der nächsten print-Anweisung das Symbol der hier gedrückten Taste
mit ausgegeben würde.

In Zeile 4220 wird vorsichtshalber vor Verlassen dieser Prozedur
wieder auf den Bildschirm umgeschaltet.

Beispiel 54: PROC sortieren'in'der'ze

Aufgabenstellung:

Eine geschlossene Prozedur mit Referenzparametern ist zu formulieren, mit deren Hilfe eine im Arbeitsspeicher befindliche Datei
sortiert werden kann. Dabei soll wählbar sein, nach welchem Wort
eines Datensatzes sortiert wird.
Weiterhin sollen auch Datensätze, die Großbuchstaben und Umlaute
enthalten, lexikalisch korrekt sortiert werden. (Diese Forderung
bezieht sich auf das Testgerät, das ebenso wie der benutzte
Drucker über den DIN-Zeichensatz verfügt)

Als Sortiertechnik ist der bubble-sort mit Abbruch anzuwenden.

Verfahren:

Im ersten Teil der Prozedur bis Zeile 5190 wird das als Sortiermerkmal gewünschte Wort des Datensatzes (der in diesen Beispielen
stets für drei Wörter angelegt ist) auf die Stelle 4 eines jeden
Satzes umgespeichert. Diese 4. Stelle wurde bei der Dimensionierung bereits vorgesehen, vgl. Zeile 112 des Strukturprogramms.
Während dieses Umspeicherns wird jeder Großbuchstabe als Klein-
buchstabe geschrieben und jeder Umlaut in die ihm entsprechenden
zwei Buchstaben umgewandelt.
Dies geschieht in den Zeilen 5070 - 5180; der Vorgang soll unten
näher erläutert werden.

Das Sortieren der Datei gemäß dem korrigierten und an Stelle 4 des
Satzes gespeicherten Sortierstrings geschieht in den Zeilen 5210
bis 5320.
Hierbei wird die Datei fortlaufend vom ersten bis zum vorletzten
Satz daraufhin durchgesehen, ob bezogen auf das vierte Wort dieser
und der nachfolgende Satz in der lexikalisch korrekten Ordnung
stehen. Ist dies nicht der Fall (Zeile 5240), so werden die beiden
Sätze Wort für Wort über die Hilfsvariable 'merke$' getauscht;
gleichzeitig erhält die Variable 'nichtgetauscht', die vor jedem
Durchlauf auf 'true' gesetzt wird (Zeile 5220) den Wahrheitswert
'false' (Zeile 5290), um anzuzeigen, daß in diesem Durchlauf
mindestens eine Vertauschung vorgenommen wurde.

Dieses ständige Durchkämmen der Datei nach noch zu vertauschenden
Sätzen endet erst dann, wenn nach einem Durchlauf die Variable
'nichtgetauscht' den Wert 'true' hat (Zeile 5320), weil in diesem
Fall während des gesamten vorangegangenen Durchlaufs keine Sätze
mehr getauscht wurden, die Datei also bezüglich des Merkmals
bereits korrekt sortiert war.

Hinweise/Erläuterungen:

Die angewandte Technik der Umwandlung von Groß- in Kleinbuchstaben und die Umwandlung der Umlaute soll hier genauer erläutert
werden. Dabei beziehen sich sämtliche Angaben auf Tastatur und
interne Darstellung des Gerätes cbm 8296 mit DIN-Zeichensatz.

Ein Satz besteht bei sämtlichen hier aufgeführten Beispielen aus
drei Wörtern - in Zeile 5040 ist festzulegen, nach welchem der
drei Wörter sortiert werden soll.

Das als Sortiermerkmal gewählte Wort eines jeden Satzes ist nun
korrigiert auf die vierte Stelle des Satzes zu bringen.

Zeile 5060 löscht zunächst jede Eintragung auf Stelle 4 des zu
behandelnden Satzes. Anschließend wird ab Zeile 5070 mittels
ORD( ) für jeden einzelnen Buchstaben des Sortierwortes der
interne Code unter 'p' gespeichert. Abschließend wird nach evtl.
erfolgter Korrektur mittels CHR\$(p) in Zeile 5170 aus dem Code der
einzelnen Buchstaben das benötigte Sortierwort an Stelle 4 neu
zusammengefügt.

Die Zeile 5080 ist hierbei wie folgt zu lesen:

   der Variablen 'p' wird der Code des gerade betrachteten Buchstabens des Sortierwortes des gerade bearbeiteten Satzes der
   behandelten Datei zugewiesen.

Liegt p zwischen 192 und 219 ausschließlich, so handelt es sich um
einen normalen Großbuchstaben; die Umwandlung in einen entsprechenden Kleinbuchstaben geschieht, indem man von p 128 subtrahiert
- vgl. Zeile 5090.

Durch diese Subtraktion wird z.B. aus einem 'A' (193) ein 'a'
(65).

Entsprechend werden in Zeile 5100 die internen Darstellungen der
Buchstaben Ä, Ö und Ü zu Kleinbuchstaben ä, ö und ü durch Subtraktion von 32 umgewandelt.

Anschließend werden in den Zeilen 5120 bis 5150 die Buchstaben ä,
ö, ü und ß in ae, oe, ue und ss umgewandelt, indem jeweils an den
bereits existierenden Teil des Sortierwortes an der Stelle 4 des
gerade behandelten Satzes direkt ein a, o, u oder s angefügt wird
und p für den Buchstaben e bzw. s mit 69 bzw 83 festgelegt wird.
Das p entsprechende Symbol (CHR$(p)) wird dann in Zeile 5170 an
den an Stelle 4 zusammenzusetzenden Sortierstring angefügt.

Dieser Vorgang muß für jeden Satz von 1 bis 'anzahl' durchgeführt
werden. Sortiert wird allerdings nur, wenn die Anzahl aktueller
Sätze größer 1 ist, vgl. Zeile 5030.

```
0054 // Beispiel 54
5000 //                                                    closed
5010 proc sortieren'in'der'ze(ref datei$(,),ref anzahl,ref woerter)
5020   dim merke$ of 20
5030   if anzahl>1 then
5040     input "Sortiermerkmal : 1 , 2 oder 3 ?": sortierwort
5050     for satz:=1 to anzahl do
5060       datei$(satz,4):=""
5070       for buchstabe:=1 to len(datei$(satz,sortierwort)) do
5080         p:=ord(datei$(satz,sortierwort)(buchstabe))
5090         if (p<219 and p>192) then p:=p-128
5100         if (p=219 or p=220 or p=221) then p:=p-32
5110         if (p<191 and p>186) then
5120           if p=187 then datei$(satz,4):=datei$(satz,4)+"a"; p:=69
5130           if p=188 then datei$(satz,4):=datei$(satz,4)+"o"; p:=69
5140           if p=189 then datei$(satz,4):=datei$(satz,4)+"u"; p:=69
5150           if p=190 then datei$(satz,4):=datei$(satz,4)+"s"; p:=83
5160         endif
5170         datei$(satz,4):=datei$(satz,4)+chr$(p)
5180       endfor buchstabe
5190     endfor satz
5200     //
5210     repeat
5220       nichtgetauscht:=true
5230       for satz:=1 to anzahl-1 do
5240         if datei$(satz,4)>datei$(satz+1,4) then
5250           for wort:=1 to 4 do
5260             merke$:=datei$(satz,wort); datei$(satz,wort):=
5270             datei$(satz+1,wort):=merke$     datei$(satz+1,wort)
5280           endfor wort
5290           nichtgetauscht:=false
5300         endif
5310       endfor satz
5320     until nichtgetauscht
5330   endif
5340 endproc sortieren'in'der'ze
```

Beispiel 55: PROC daten'suchen

Aufgabenstellung:

Eine geschlossene Prozedur mit Referenzparametern ist zu formulieren, mit deren Hilfe eine im Arbeitsspeicher befindliche Datei
durchsucht werden kann.
Dabei soll wählbar sein, nach welchem Wort eines Datensatzes gesucht wird.
Sämtliche Sätze, in denen der Suchbegriff enthalten ist, sind
auszugeben.
Als Ausgabemedium soll zwischen Bildschirm und Drucker gewählt
werden können; bei der Bildschirmausgabe soll nach jedem
ausgegebenen Datensatz ein Programmstop vorgesehen werden, der
durch Druck auf eine beliebige Taste aufgehoben wird.

Zu formulieren ist ein einfaches lineares Suchverfahren.

Verfahren:

In den Zeilen 6040 bis 6060 können das Suchmerkmal und das kon-
krete Suchwort eingegeben sowie das Ausgabemedium festgelegt
werden.

In den Zeilen 6080 bis 6190 werden sämtliche Sätze der Reihe nach
durchgesehen und dann ausgegeben, wenn der eingegebene Suchbegriff
an der als Suchmerkmal festgelegte Stelle enthalten ist.

Ab Zeile 6200 ist diese Prozedur identisch mit der Prozedur
'daten'ausdrucken' .

Übungen:

Fügen Sie bitte die Möglichkeit ein, daß auch Fragmente eines
Suchbegriffes verarbeitet werden können. Hinweise hierzu sind im
Beispiel 'Fragmentabfrage' enthalten.

```
0055 // Beispiel 55
6000 //
6010 proc daten'suchen(ref datei$(,),ref anzahl,ref woerter) closed
6020   dim data'$ of 10, suchwort$ of 20, a$ of 1
6030   print chr$(147)
6040   input "Suchmerkmal 1 , 2 oder 3 ?:": x
6050   input "Suchstring  :": suchwort$
6060   input "Ausgaben über Drucker oder Bildschirm (D/B) :": a$
6070   if a$ in "Dd" then select output "lp:"
6080   for satz:=1 to anzahl do
6090     if datei$(satz,x)=suchwort$ then
6100       restore
6110       print anzahl,". Datensatz:"
6120       print
6130       for wort:=1 to woerter do
6140         read data'$
6150         print data'$;
6160         print datei$(satz,wort)
6170       endfor wort
6180     endif
6190   endfor satz
6200   if a$ in "Bb" then // Warteschleife
6210     poke 158,0 // 198,0 beim C 64
6220     repeat
6230     until peek(158)>0 // (198)>0
6240     poke 158,0 // 198,0
6250   endif
6310   select output "ds:"
6320 endproc daten'suchen


0056 // Beispiel 56
7000 //                                           closed
7010 proc daten'korrigieren(ref datei$(,),ref anzahl,ref woerter)
7020   dim data'$ of 10
7030   print chr$(147)
7040   input "Welcher Satz ist zu ändern ? Nr:": satz
7050   print
7060   restore
7070   for wort:=1 to woerter do
7080     read data'$
7090     print data'$;
7100     print " ";datei$(satz,wort)
7110   endfor wort
7120   print chr$(19)
7130   print
7140   print
7150   restore
7160   for wort:=1 to woerter do
7170     read data'$
7180     print data'$;
7190     input datei$(satz,wort)
7200   endfor wort
7210 endproc daten'korrigieren
```

Beispiel 56: PROC daten'korrigieren

Aufgabenstellung:

Eine geschlossene Prozedur mit Referenzparametern ist zu formulieren, mit deren Hilfe aus einer im Arbeitsspeicher befindlichen
Datei einzelne Sätze auf dem Bildschirm ausgegeben und durch
einfaches Überschreiben korrigiert werden können.

Einzugeben ist die Nummer des Satzes, der korrigiert werden soll.

Verfahren:

Das Verfahren besteht darin, die Wörter des gewünschten Satzes
einschließlich der aus dem Hauptprogramm gelesenen Kommentare auf
den Schirm zu schreiben, den Cursor mitttels chr$(19) in der
linken oberen Ecke zu positionieren und mit PRINT und INPUT-
Anweisungen diejenigen Stellen anzusteuern, an denen die bisherigen Elemente des Satzes ausgedruckt wurden.

Auf diese Weise können Änderungen sofort vorgenommen werden; nicht
zu ändernde Wörter werden durch Druck auf RETURN unverändert übernommen.

Übungen:

Es ist überflüssig, in den Zeilen 7170f die Kommentare noch einmal lesen zu lassen. Ändern Sie bitte die Prozedur so um, daß die
bereits auf den Schirm geschriebenen Kommentare beim erneuten
Einlesen in der Zeile 7190 mitbenutzt werden können.

Beispiel 57: PROC daten'loeschen

Aufgabenstellung:

Eine geschlossene Prozedur mit Referenzparametern ist zu formu-
lieren, mit deren Hilfe in einer im Arbeitsspeicher befindlichen
Datei einzelne Sätze gelöscht werden können.
Einzugeben ist die Nummer des Satzes, der gelöscht werden soll.

Verfahren:

Das Verfahren soll darin bestehen, vom zu löschenden Satz an jeden
Satz durch den nächsthöheren Satz zu überschreiben. Vorher wird
der gewählte Satz noch einmal auf den Schirm geschrieben, versehen
mit einem Hinweis, daß dieser Satz gelöscht wird.
Nach Löschung eines Satzes wird die 'anzahl' um 1 verringert, so
daß nachfolgend der ursprünglich letzte Satz, der im Arbeitsspeicher noch vorhanden ist, nicht mehr mit verwaltet wird.

Übungen:

Bauen Sie die Prozedur so um, daß nach Eingabe der Nummer des zu
löschenden Satzes rückgefragt wird, ob dieser Satz wirklich
gelöscht werden soll; nur im Falle einer positiven Antwort ist der
Satz zu löschen, andernfalls soll nach der korrekten Nummer des zu
löschenden Satzes gefragt werden.

Durch Eingabe der Satznummer '0' soll die Prozedur verlassen
werden können, ohne daß überhaupt ein Satz gelöscht wurde.

Prüfen Sie, ob diese Prozedur auch den Fall mit erfaßt, daß der
letzte Satz gelöscht werden soll. Fügen Sie - falls erforderlich -
Korrekturen oder Ergänzungen ein.

```
0057 // Beispiel 57
8000 //                                                closed
8010 proc daten'loeschen(ref datei$(,),ref anzahl,ref woerter)
8020   dim data'$ of 10
8030   print chr$(147)
8040   input "Welcher Satz ist zu löschen :": satznummer
8050   restore
8060   for wort:=1 to woerter do
8070     read data'$
8080     print data'$;
8090     print datei$(satznummer,wort)
8100   endfor wort
8110   print "Dieser Satz Nr.";satznummer;"wird gelöscht !"
8120   for satz:=satznummer to anzahl-1 do
8130     for wort:=1 to woerter do
8140       datei$(satz,wort):=datei$(satz+1,wort)
8150     endfor wort
8160   endfor satz
8170   anzahl:-1
8180   // Warteschleife
8190   poke 158,0 // 198,0 beim C 64
8200   repeat
8210   until peek(158)>0 // (198)>0
8220   poke 158,0 // 198,0
8230 endproc daten'loeschen
```

Die bisher behandelten Dateien konnten nur alternativ zum sequentiellen Schreiben oder Lesen geöffnet werden. Ersetzen Sie in den Zeilen 2060 bzw. 3060 der Beispiele 51 bzw. 52 die Anweisungen WRITE bzw. READ durch beispielsweise die Anweisung RANDOM 27 , so öffnen Sie eine Datei mit Direktzugriff, in der Sie Sätze mit bis zu 25 Symbolen an einer gewählten Position sowohl direkt eintragen als auch direkt lesen können. Im hier aufgelisteten Demo-Programm wird durch die Zeilen 120 - 140 sequentiell in die ersten 50 Positionen der Datei das Symbol '*' eingetragen - ab Zeile 150 werden direkter Schreib- und Lesezugriff dargestellt.

```
0100 dim satz$ of 120
0110 open file 1,"0:Randomdatei",random 122
0120 for position:=1 to 50 do
0130   write file 1,position: "*"
0140 endfor position
0150 input "Schreibposition : ": position
0160 input "Eintragung      : ": satz$
0170 write file 1,position: satz$
0180 input "Leseposition    : ": position
0190 read file 1,position: satz$
0200 print satz$
0210 close file 1
```

Bisher wurden Such- und Sortierverfahren einfacher Art benutzt.
Bei größeren Datenmengen lohnt es sich jedoch, z.B. die Verfahren
'Binäres Suchen' bzw. 'Quicksort' anzuwenden. Um die Darstellung
möglichst einfach zu halten, sollen beide Verfahren lediglich
bezogen auf eindimensionale Zahlenfelder dargestellt werden.

Beispiel 58: Binäres Suchen

Aufgabenstellung:

Es ist ein Programm zu formulieren, mit dessen Hilfe in einem
bereits sortierten Zahlenfeld unter Anwendung der Methode des
binären Suchens die Position einer einzugebenden Zahl bestimmt
werden kann.

Verfahren:

Die anzuwendende Methode soll zunächst einmal theoretisch dargestellt werden.
Angenommen, es liegt eine Reihe von 11 Zahlen vor, die bereits
sortiert sind.

Zahlen: 2   5   7   8   9   12   15   20   35   60   136

Index: 1.   2.   3.   4.   5.   6.   7.   8.   9.   10.   11.

Der Index ist jeweils unter den Zahlen angedeutet.

Wenn nun z.B. die Zahl 9 gesucht und ihr Index festgestelt werden
soll, geht man beim binären Suchen wie folgt vor:

Im ersten Schritt wird geprüft, ob die gesuchte Zahl gerade die
erste oder letzte des Feldes ist. In beiden Fällen könnte man die
Suche hier beenden.
Ist dies nicht der Fall, so kann sich die gesuchte Zahl - voraus-
gesetzt, sie befindet sich überhaupt im Feld - nur noch zwischen
den beiden Grenzen befinden.
Nunmehr teilt man das Feld in der Mitte und prüft, ob sich die gesuchte Zahl gerade an dieser Stelle befindet, im Beispiel also an
der 6. Stelle.

Ist dies nicht der Fall, so wird, falls die gesuchte Zahl kleiner
ist als die Zahl in der Mitte des bisherigen Feldes (hier an
Stelle 6), die Mitte als rechte Grenze aufgefaßt und die Suche auf
die linke Hälfte des Feldes beschränkt.

Hier sucht man wieder die Mitte, prüft, ob die hier stehende Zahl
gerade die gesuchte ist und wählt für den Fall, daß die gesuchte
Zahl immer noch kleiner ist als die an der neuen Mitte stehende
Zahl die neue Mitte wiederum als neue rechte Grenze.
Entsprechend wird in Fällen, in denen die gesuchte Zahl größer ist
als die Zahl, die an der gerade betrachteten Mitte steht, die
Mitte als neue linke Grenze gewählt und die Suche auf den rechten
Teil beschränkt.

Die Suche ist dann ergebnislos abzubrechen, wenn sich die auf
diese Weise ermittelten aktuellen linken und rechten Grenzen des
betrachteten Teilfeldes nur noch um eine Einheit unterscheiden.
Zwischen zwei Indizes liegt keine Eintragung; die gesuchte Zahl
ist also im betrachteten Feld nicht vorhanden.

Wenn man diese Technik auf das oben skizzierte Beispiel anwendet,
findet man die gesuchte Zahl mit der 6. Prüfung. Sie liegt weder
an erster noch an 11. Stelle, nicht an der 6., nicht an der 3.
(bei nicht ganzzahligen Mitten nimmt man die nächstkleinere Zahl
als Mitte), nicht an der 4., sie liegt jedoch an der 5. Stelle.
Da die Zahl 9 durch einen einfachen Vergleich von der ersten bis
zur letzten Zahl bereits beim 5. Zugriff gefunden worden wäre,
scheint dieses umständlichere Verfahren zunächst überflüssig. Es
lohnt sich tatsächlich auch erst bei einer höheren Zahl von
Elementen. So findet man in einem Feld von 1024 Elementen nach
maximal 10 Zugriffen (plus 2 Anfangsprüfungen, die sich auf die
Ränder des Feldes beziehen) jede gewünschte Eintragung; hier würde
das lineare Suchen deutlich länger dauern. Da das Feld jeweils
zweigeteilt wird, errechnet sich die Anzahl der maximal notwendigen Zugriffe als Exponent derjenigen Potenz zur Basis 2, deren
Potenzwert gleich der Zahl der Feldelemente ist bzw. diese Zahl
geringstmöglich übersteigt.

Das nachfolgend aufgelistete Programm entspricht diesem Verfahren.

Nachdem in der Zeile 130 ein Feld aufsteigend mit Zahlen gefüllt wird, wird in den Zeilen 170 bzw. 190 geprüft, ob die zu suchende Zahl gerade an erster oder letzter Stelle des Feldes liegt; ist dies nicht der Fall, werden ab Zeile 220 Feldmitten berechnet und die oben beschriebenen Vergleiche und Uminterpretationen der jeweiligen Mitte als linke bzw. rechte Grenze durchgeführt.

Diese Vorgänge wiederholen sich, bis der Begriff gefunden wurde oder sich linke Grenze und rechte Grenze nur noch um eine Stelle unterscheiden.

Hinweise/Erläuterungen:

Für eventuelle Änderungen oder Erweiterungen zum Einbau in das Dateiverwaltungsprogramm ist wichtig, zu berücksichtigen, daß das gewählte Abbruchkriterium der Zeile 360 allein die Fälle nicht erfaßt, in denen der gesuchte Wert an erster oder letzter Stelle liegt. Aus diesem Grunde dürfen die vorgeschalteten Abfragen nur entfernt werden, wenn ein geeignetes anderes Abbruchkriterium gewählt wird.

Übungen:

Falls der gesuchte Satz nicht gefunden wurde, erfolgt keine entsprechende Meldung. Ändern Sie dies bitte ab.

Ergänzen Sie das Programm dergestalt, daß es in das Dateiverwaltungsprogramm eingefügt werden kann, d.h. lassen Sie ein Stringfeld durchsuchen, wobei die Datei bezüglich des 4. Wortes eines jeden Datensatzes sortiert sein soll, vgl. Prozedur 'sortieren' in 'der'ze'.

Sehen Sie bitte weiterhin die Verwaltung eines Satzes Nr. 0 im Rahmen des Gesamtprogrammes vor, in dessen Elementen festgehalten werden kann, ob und hinsichtlich welches Satzelementes die aktuelle im Arbeitspecher befindliche Datei bereits sortiert vorliegt.

```
0058 // Beispiel 58
0100 // Binäres Suchen
0110 input "Anzahl der Feldelemente : ": anzahl
0120 dim feld(anzahl)
0130 for index:=1 to anzahl do feld(index):=index*3
0140 //
0150 input "Gesuchte Zahl: ": suchzahl
0160 case suchzahl of
0170 when feld(1)
0180   print "Gefunden an Stelle 1"
0190 when feld(anzahl)
0200   print "Gefunden an Stelle";anzahl
0210 otherwise
0220   links:=1; rechts:=anzahl
0230   repeat
0240     gefunden:=false
0250     mitte:=(links+rechts) div 2
0260     if feld(mitte)=suchzahl then
0270       print "Gesuchte Zahl an Stelle";mitte;"gefunden"
0280       gefunden:=true
0290     else
0300       if feld(mitte)<suchzahl then
0310         links:=mitte
0320       else
0330         rechts:=mitte
0340       endif
0350     endif
0360   until gefunden or links=rechts-1
0370 endcase


0059 // Beispiel 59  - Quicksort
0100 input "Anzahl der Feldelemente : ": anzahl
0110 dim feld(anzahl)
0120 for index:=1 to anzahl do feld(index):=rnd(1,anzahl)
0130 print
0140 for index:=1 to anzahl do print feld(index);
0150 print
0160 quicksort(1,anzahl)
0170 print
0180 for index:=1 to anzahl do print feld(index);
0190 print
0200 proc quicksort(links,rechts)
0210   i:=links; j:=rechts
0220   vergleichszahl:=feld((links+rechts) div 2)
0230   repeat
0240     while feld(i)<vergleichszahl do i:+1
0250     while feld(j)>vergleichszahl do j:-1
0260     if i<=j then
0270       merke:=feld(i); feld(i):=feld(j); feld(j):=merke
0280       i:+1; j:-1
0290     endif
0300   until i>j
0310   if links<j then quicksort(links,j)
0320   if i<rechts then quicksort(i,rechts)
0330 endproc quicksort
```

Beispiel 59: Quicksort

Aufgabenstellung:

Es ist ein Programm zu formulieren, das zunächst ein Feld mit
Zufallszahlen füllt und sodann den Feldinhalt ausdruckt.
Anschließend ist der Feldinhalt mit dem von Hoare entwickelten
Quicksort-Verfahren zu sortieren und zur Kontrolle auszudrucken.

Verfahren:

Die Quicksort-Technik soll an einem einfachen Beispiel erläutert
werden. Angenommen, es läge folgendes Feld mit 9 Elementen vor:

```
   14    19    36    2    18    1    6    50    27
```

Nun wählt man ein beliebiges Feldelement als Vergleichszahl, hier
in Zeile 220 das mittlere Feldelement Nr. 5 mit dem Inhalt 18 .
Jetzt beginnt man von links (mit dem Laufindex i) und durchsucht
nach rechts das Feld (d.h. i wird fortlaufend um 1 erhöht - Zeile
240) bis man ein Element findet, das nicht mehr kleiner als das
mittlere Feldelement ist.
Anschließend durchsucht man von rechts mit dem Laufindex j das
Feld, bis man ein Element findet, das nicht mehr größer ist als
die Vergleichszahl.
Im Beispiel:

```
   14    19    36    2    18    1    6    50    27
   -->   ↑                      ↑   <-----
         i                      j
```

Diese Elemente mit den aktuellen Indizes i bzw. j werden jetzt
getauscht.

```
   14    6    36    2    18    1    19    50    27
```

Anschließend läßt man die Indizes i und j weiter laufen, bis sie
aneinander vorbeigelaufen sind, bis i > j ist (Zeile 300), da in
diesem Fall nicht mehr nach der bisherigen Regel getauscht werden
darf.

Nach einem kompletten Durchlauf stehen jetzt alle Zahlen, die
kleiner (gleich) dem Mittelelement sind, links vom Mittelelement;
alle Zahlen, die größer (gleich) dem Mittelelement sind, stehen
rechts davon.

Nun läßt sich das gleiche Verfahren auf das linke Teilfeld anwenden, wobei die jetzige Stellung des Index j die rechte Grenze des
links vom Mittelelement weiter zu sortierenden Feldes angibt.
Man kann daher die gleiche Prozedur mit geänderten Grenzen aufrufen (Zeile 310); die entsprechenden Aufrufe für linke Teilfelder
hören erst dann auf, wenn j gleich der linken Grenze des
ursprünglichen Feldes ist.
Entsprechend wird mit rechten Teilfeldern verfahren, Zeile 320.

Das Verfahren läßt sich wegen der rekursiven Formulierung kurz beschreiben; es ist schnell, da über weite Strecken getauscht wird
und eine Zahl sich nicht wie beim 'bubblesort' 'mühsam' Stelle für
Stelle an die richtige Position bewegen muß.
Eine ausführliche Darstellung des Quicksort-Verfahrens finden Sie
bei Bowles, 1982, S. 527ff sowie bei Wirth, 1983 a, S. 97ff .

Abschließend sollen hier die Zwischenergebnisse des Einführungs-
beispieles ausgedruckt werden. Erreicht wird dies durch Einfügen
von Druckanweisungen zwischen die Zeilen 300 und 310.

```
14 19 36  2 18  1  6 50 27
14  6  1  2 18 36 19 50 27
 2  1  6 14 18 36 19 50 27
 1  2  6 14 18 36 19 50 27
 1  2  6 14 18 36 19 50 27
 1  2  6 14 18 27 19 50 36
 1  2  6 14 18 27 19 50 36
 1  2  6 14 18 19 27 50 36
 1  2  6 14 18 19 27 36 50
 1  2  6 14 18 19 27 36 50
 1  2  6 14 18 19 27 36 50

 1  2  6 14 18 19 27 36 50
```

6 Weiterführende COMAL-Anwendungen

6.1 Auslagerung von Programmteilen

Mit Hilfe des Befehl CHAIN können Sie jedes Programm von der Diskette laden und automatisch starten. Dabei werden im Hauptspeicher existierende Programme überschrieben, Variablen und Dimensionierungen werden gelöscht.

Wenn Ihre Programmpakete immer umfangreicher werden, können Sie diese Möglichkeit nutzen und ein komplexes Gesamtprogramm in sinnvolle Teile zerlegen, die Sie einzeln mit SAVE auf der Diskette speichern. Zur Handhabung des Gesamtprogrammes genügt jetzt ein 'Hauptmenü' als Rahmenprogramm, das das jeweils ausgewählte Teilprogramm lädt und startet. Jedes dieser Teilprogramme muß als letzte auszuführende Anweisung mit CHAIN 'Hauptmenü' das Rahmenprogramm erneut in den Arbeitsspeicher laden und starten.

Auf diese Weise läßt sich z.B. das Dateiverwaltungsprogramm sinnvoll unterteilen. Falls die Hauptspeicherkapazität zu klein wird, lagern Sie nicht benötigte Programmteile aus und schaffen auf diese Weise mehr Platz für Daten.

Um das Dateiverwaltungsprogramm entsprechend umzuwandeln, genügt es, aus den Prozeduren die Zeilen mit den Worten PROC und ENDPROC zu entfernen, die Routinen zu sinnvollen Teilprogrammen zusammenzusetzen (z.B. anlegen, ausdrucken und speichern), diesen Teilprogrammen jeweils den Data- und Dimensionierungsteil des Strukturprogrammes (Beispiel 49) voranzustellen und als letzte Aktivität dieses Teilprogrammes mittels CHAIN das Hauptmenü erneut aufzurufen und zu starten. Innerhalb des Hauptmenüs ist der Data- und Dimensionierungsteil jetzt überflüssig.

Hier werden aus Platzgründen nur ein dem Struktur-Programm des Beispieles 49 entsprechender Hauptverteiler einschließlich der zugehörigen Leerprogramme aufgeführt. Diese Leerprogramme können den Beispielen 50 - 57 entsprechend ergänzt werden. Auf der Diskette sind diese Programme wegen der Übertragbarkeit auf andere Versionen mit LIST abgespeichert - vor der Verwendung müssen sie mit SAVE umgespeichert werden, da CHAIN keine List-files verarbeitet.

Beispiel 60: Dateiverwaltung CHAIN

```
0060 // Beispiel 60 / Dateiverwaltung - CHAIN
0100 // Hauptmenü
0110 repeat
0120   print chr$(147)
0130   print "Hauptmenü"
0140   print "Datei anlegen/verlängern/speichern.......1"
0150   print "Datei von Floppy lesen/ausgeben..........2"
0160   print "Daten lesen/sortieren/rückspeichern......3"
0170   print "Datei lesen/ändern/rückspeichern........4"
0180   print "Programmende              ............9"
0190   input "Ihre Wahl ": wahl
0200   case wahl of
0210   when 1
0220     chain "anlegen'verl'speichern"
0230   when 2
0240     chain "lesen'ausgeben"
0250   when 3
0260     chain "lesen'sort'rueck"
0270   when 4
0280     chain "lesen'aendern'rueck"
0290   when 9
0300     chain "ende"
0310   otherwise
0320     print "Fehleingabe"
0330   endcase
0340 until wahl=9
0350 //

0100 // anlegen'verl'speichern
0110 // DIM + DATA
0120 print "Datei anlegen, verlängern und speichern"
0130 stop
0140 chain "Hauptmenü"

0100 // lesen'ausgeben
0110 // DIM + DATA
0120 print "Datei von der Floppy lesen und ausdrucken"
0130 stop
0140 chain "Hauptmenü"

0100 // lesen'sortieren und rückschreiben
0110 // DIM + DATA                                   ben"
0120 print "Datei von der Floppy lesen, sortieren und zurückschrei
0130 stop
0140 chain "Hauptmenü"

0100 // lesen'aendern und rückschreiben
0110 // DIM + DATA
0120 print "Datei von der Floppy lesen, ändern und zurückschreiben"
0130 stop
0140 chain "Hauptmenü"

0100 // Programm beenden
0110 print "Programm beendet"
```

6.2 Hinweise zum Aufbau einer Prozedurbibliothek

Routinen, die Sie häufiger in unterschiedlichen Programmen einsetzen wollen, sollten Sie als geschlossene Prozeduren formulieren und mit Hilfe des Befehls LIST 'E-Name' auf der Diskette speichern.

Anschließend lassen sich diese Routinen mit ENTER 'E-Name' (Version 0.14) bzw. MERGE Zeilennummer 'E-Name' (Version 2.0) jederzeit in ein im Hauptspeicher befindliches Programm einfügen bzw. anfügen, vgl. hierzu auch Teil 5.3.

Da bei der Version 0.14 die Zeilennummern darüber entscheiden, an welcher Stelle ein Programmteil eingefügt wird, sollten Sie die Prozeduren mit möglichst hohen Zeilennummern im Abstand 1 versehen abspeichern, wobei Sie z.B. im Bereich von 9999 - 9000 Zehnergruppen für 100 Prozeduren freihalten können. Eine Hilfskartei über bereits mit Routinen belegte Bereiche ist nach einiger Zeit sicher nützlich.

Entgegen den üblichen Vorschlägen bin ich dafür, den Buchstaben 'E' als Hinweis darauf, daß dieser Programmteil von der Diskette per 'ENTER' (bzw. MERGE - Version 2.0) zu laden ist, VOR den Programmnamen zu stellen. Ein Anhängen sieht zwar besser aus, es schützt aber nicht davor, daß bei versehentlich zu lang gewählten Programmnamen das E im Diskettenverzeichnis plötzlich nicht mehr auftaucht. Und dann erinnert nur noch die Bezeichnung 'seq' daran, daß hier mit LOAD nichts auszurichten ist.

Literaturhinweise

I Grundlagen:

1 Bowles, K.L.:   Pascal für Mikrocomputer.
                     Berlin-Heidelberg-New York: Springer 1982

2 Cohors-Fresenborg, E.: Mathematik mit Kalkülen und
                     Maschinen. Braunschweig : Vieweg 1977

3 Deller, H.:   Boolesche Algebra
                     Frankfurt a.M.: Diesterweg/Salle 1976

4 Dworatschek, S.: Einführung in die Datenverarbeitung.
                     2. Aufl. Berlin: de Gruyter 1969

5 Freund/Sorger: Aussagenlogik und Beweisverfahren.
                     Stuttgart: Teubner 1974

6 Lamprecht, G.:   Einführung in die Programmiersprache SIMULA.
                     2. Aufl. Braunschweig-Wiesbaden: Vieweg 1982

7 Lehrbuch der Mathematik für Wirtschaftswissenschaften.
                     Hrsg.: Körth, H. u.a. Opladen: Westdeutscher
                     Verlag 1972

8 Loczewski, P.G.: Logik der Strukturierung von Programmen.
                     München: Oldenbourg 1980

9 Wirth, N.:   Algorithmen und Datenstrukturen.
                     3. Aufl. Stuttgart: Teubner 1983

10 Wirth, N.:   Systematisches Programmieren.
                     4. Aufl. Stuttgart: Teubner 1983

II COMAL

11 Atherton, Roy: Structured programming with COMAL
                     Chichester: Ellis Horwood Ltd. 1982

12 Birkenbihl/Nowak: Von BASIC zu COMAL. 2. Aufl.
                 Gensingen: Luther 1985

13 Christensen, B.R.: Strukturierte. Programmierung mit COMAL 80.
                 2. Aufl. München/Wien: Oldenbourg 1985

14 Christensen, B.R.: A short survey of COMAL 80.
                 Manuskript. Tonder: 1981

15 Christensen/Wolgast: COMAL 0.14-Handbuch.
                 Kiel: Schmidt&Klaunig 1984

16 Lindsay, Len: COMAL handbook.
                 Reston Virginia: Reston Publishing
                 Company Inc. 1983

17 Pehrsson, L. u.a.: 4 * COMAL.
                 Hernig (Dänemark): systime 1983

III Quellen mit Aufgaben aus anderen Programmiersprachen,
    insbesondere BASIC und Pascal

18 Baumann, R.:   BASIC. Eine Einführung in das Programmieren.
                 Stuttgart: Klett 1980

19 Baumann, R.:   Programmieren mit PASCAL
                 Würzburg: Vogel 1980

20 Engel, A.:   Elementarmathematik vom algorithmischen
                 Standpunkt. Stuttgart: Klett 1977

21 Menzel, K.:   BASIC in 100 Beispielen. 4. Aufl.
                 Stuttgart: Teubner 1984

22 Schauer, H.:   PASCAL für Anfänger. 2. Aufl.
                 Wien/München: Oldenbourg 1977

23 Schauer, H.:   PASCAL-Übungen.
                 Wien/München: Oldenbourg 1978

Sachverzeichnis
================

Liste der COMAL-Beispiele (alphabetisch)
==

Anhang I : COMAL-Bezugsquellen
===============================

COMAL wird für eine ständig wachsende Zahl von Geräten eingerichtet. Wenn Sie COMAL einsetzen wollen, wenden Sie sich

a) an Benutzer-Clubs für Ihr Gerät - die aktuellen Anschriften
   finden Sie in den Fachzeitschriften

b) an eine der existierenden COMAL-Gruppen, z.B. an die

   COMAL - Gruppe - Deutschland
   Derek Belz

   2270 Utersum/Föhr
   Tel.: 04683/500 oder Mailbox   04683/554

   Diese Gruppe vertreibt COMAL für
   - den Commodore C 64   sowie
   - den IBM PC   und kompatible Geräte.

   Ein Modul für Schneider-Computer ist für Anfang 1986
   geplant.

Anhang II : Hinweise zur Diskettenversion
===

Zu diesem Band existieren Diskettenversionen für folgende
Commodore-Geräte:

- Diskette für den cbm 8xxx, Floppy 8250
- Diskette für den C 64, Floppy VC 1541, 4040

Sämtliche Programme sind unter COMAL-80 Version 0.14 als list-
files gespeichert und können daher problemlos mittels 'merge' bzw.
'enter' auch auf andere COMAL-80-Versionen übertragen werden.

Das Informationsprogramm der Disketten ist mit   enter"*"
zu laden.

MikroComputer–Praxis

Die Teubner Buch- und Diskettenreihe für
Schule, Ausbildung, Beruf, Freizeit, Hobby

Fortsetzung

Löthe/Quehl: **Systematisches Arbeiten mit BASIC**
2. Aufl. 188 Seiten. DM 21,80

Lorbeer/Werner: **Wie funktionieren Roboter**
In Vorbereitung

Mehl/Stolz: **Erste Anwendungen mit dem IBM-PC**
284 Seiten. DM 26,80

Menzel: **BASIC in 100 Beispielen**
4. Aufl. 244 Seiten. DM 24,80

Menzel: **Dateiverarbeitung mit BASIC**
237 Seiten. DM 28,80

Menzel: **LOGO in 100 Beispielen**
234 Seiten. DM 23,80

Mittelbach: **Simulationen in BASIC**
182 Seiten. DM 23,80

Nievergelt/Ventura: **Die Gestaltung interaktiver Programme**
124 Seiten. DM 23,80

Ottmann/Schrapp/Widmayer: **PASCAL in 100 Beispielen**
258 Seiten. DM 24,80

Otto: **Analysis mit dem Computer**
239 Seiten. DM 23,80

v. Puttkamer/Rissberger: **Informatik für technische Berufe**
Ein Lehr- und Arbeitsbuch zur programmierbaren Mikroelektronik
284 Seiten. DM 23,80

Weber/Wehrheim: **PASCAL-Programme im Physikunterricht**
In Vorbereitung

Die Reihe wird durch weitere Bände und Disketten fortgesetzt.

Preisänderungen vorbehalten

 B. G. Teubner Stuttgart